景观植物实用图鉴 第8辑

木本花卉

薛聪贤 编著

31科242种

常见植物一本通

从植物识别到日常养护技能 / 从浇水、施肥、温湿度、光照、修剪等基础护理到植物繁殖等注意事项 / 为读者提供真正实用的养护指南

華中科技大學出版社
http://press.hust.edu.cn
中国 · 武汉

图书在版编目（CIP）数据

景观植物实用图鉴. 第8辑, 木本花卉 / 薛聪贤编著. —武汉：华中科技大学出版社，2023.6
ISBN 978-7-5680-4115-7
Ⅰ.①景… Ⅱ.①薛… Ⅲ.①园林植物－图集 ②木本花卉－图集 Ⅳ.①S68-64

中国国家版本馆CIP数据核字（2023）第067611号

景观植物实用图鉴. 第8辑，木本花卉 薛聪贤 编著
Jingguan Zhiwu Shiyong Tujian Di-ba Ji Muben Huahui

出版发行：华中科技大学出版社（中国·武汉） 电话：（027）81321913
武汉市东湖新技术开发区华工科技园 邮编：430223
出 版 人：阮海洪

策划编辑：段园园 版式设计：王 娜
责任编辑：段园园 / 曾雪柯 责任监印：朱 玢

印 刷：湖北新华印务有限公司
开 本：710 mm × 1000 mm 1/16
印 张：8.5
字 数：136千字
版 次：2023年6月 第1版 第1次印刷
定 价：68.00 元

华中出版

投稿邮箱：1275336759@qq.com
本书若有印装质量问题，请向出版社营销中心调换
全国免费服务热线：400-6679-118 竭诚为您服务

前言

近十几年来，笔者常与园艺景观业者一道引进新品种，并开发原生植物，从事试种、观察、记录、育苗、推广等工作，默默为园艺事业耕耘奋斗：从引种、开发到推广过程，备尝艰辛，鲜为人知，冀望本书能提供最新园艺信息，促使园艺事业更加蓬勃发展，加速推动环保绿化。

本书全套共分10辑，花木的中文名称以一花一名为原则，有些花木的商品名称或俗名也一并列入。花木照片均是实物拍摄，花姿花容跃然纸上，绝不同于坊间翻印本。繁殖方法及栽培重点，均依照风土气候、植物的生长习性、实际栽培管理等作论述：学名是根据中外的园艺学者、专家所公认的名称，再敦请植物分类专家陈德顺先生审订，参考文献达数十种，力求尽善尽美，倘有疏谬之处，期盼先进不吝指正。

本书能顺利出版，得感谢彰化县园艺公会理事长黄辉锭先生、前理事长刘福森先生、北斗花卉中心郑满珠主任、中华盆花协会彰化支会会长张名国先生、成和季园艺公司李胜魁、李胜伍先生；合利园艺李有量先生、广裕园胡高荣先生、华丽园艺公司胡高本先生、鸿霖园艺胡高笔先生、改良园胡高伟先生、清高植物公司罗坤龙先生、翡翠园艺胡清扬先生、台大兰园赖本仕先生、花都园艺罗荣守老师、源兴种苗园张济棠先生、玫瑰花推广中心张维斌先生、华阳园装公司林荣森先生、七巧园艺公司李木裕先生、荃泓园艺公司陈金菊小姐、新科园艺林孝泽先生、马来西亚美景花园郑庆森先生、华陶窑陈文辉先生、台湾大学森林系廖日京教授、台湾省立博物馆植物研究组长郑元春先生、东海大学景观系赖明洲教授和章锦瑜教授；原嘉义技术学院黄达雄教授、中兴大学蔡建雄教授和傅克昌老师；屏东科技大学农园系颜昌瑞教授、台湾省立淡水商工园艺科张莉莉老师、台湾省立员林农工园艺科宋芬玫老师、农友种苗公司李锦文先生、张隆恩教授、李叡明老师、江茹伶老师、王胜鸿先生、古训铭先生、郑雅芸小姐等协助，在此致万分谢意！

目 录

木本花卉

木本花卉泛指在木本植物中，开花或果实美丽，以观花、观果为主的木本植物，其中包括灌木类、乔木类，有常绿性或落叶性两种。

灌木通常指低矮的树木，无明显主干，从地面处分枝成多个枝干，树冠不定型，近似丛生，如小虾花、立鹤花、金英树、夹竹桃、杜鹃花、雪茄花、木槿、朱槿类植物等；植株高度 1 m 以下为小灌木，1 ～ 2 m 为中灌木，2 m 以上为大灌木。

乔木通常指主干单一明显的树木，主干生长离地至高处（约胸际）开始分枝，而树冠具有一定的形态，如缅栀（鸡蛋花）、羊蹄甲、火焰木、蓝花楹、美人树、木棉、阿勃勒、凤凰木、大花紫薇、玉兰花等。植株高度 9 m 以下为小乔木，9 ～ 18 m 为中乔木，18 m 以上为大乔木。

木本花卉在景观用途上极为广泛，灌木花卉类可作庭园或道路美化、绿篱、花坛布置、盆栽；乔木花卉类可作庭园绿荫树、行道树。花开时节，繁花满树，姹紫嫣红，美不胜收，为重要的造园景观树木。

在栽培管理方面，大多数会开花的木本植物，都需要充足的阳光照射。喜好高温者，生长适温 20 ～ 30 ℃，华南地区皆适合栽植；喜好温暖或冷凉低温者，生长适温 10 ～ 25 ℃，较适合在中、高海拔冷冻山区栽培。

山野奇葩 - **野牡丹类**

Melastoma candidum（野牡丹、山石榴）
Melastoma candidum 'Albiflorum'（白花野牡丹、白埔笔花）
Melastoma sanguineum（南洋野牡丹、毛棯）
Melastoma malabathricum 'Purpurea Queen'（紫后野牡丹）

野牡丹科常绿小灌木
原产地：
南洋野牡丹：马来西亚、爪哇
野牡丹、山石榴：中国、菲律宾
白花野牡丹、白埔笔花、紫后野牡丹：栽培种

野牡丹株高 30 ~ 120 cm，分布于广西、广东、福建、台湾的低海拔山区或草地。叶对生，长椭圆形至圆卵形，正反面皆密被长柔毛。短聚伞状花序着生于枝条顶端，5 片粉红色的花瓣捧着中心金黄色的雄蕊，甚为娇羞美丽，另有显得清新可人的白花品种，二者皆盛开于夏季。适于庭园点缀栽培，也很适合盆栽。

南洋野牡丹（毛棯）在我国分布于广东、广西，常见于坡脚、沟边的草丛或矮灌丛中。节间较长，株高 40 ~ 150 cm。叶披针形，具柔毛。花淡紫色，花瓣较狭长，不如野牡丹的宽阔饱满，花期春末至夏季。适于庭植美化或大型盆栽。

紫后野牡丹是马来野牡丹的栽培变种，株高 30 ~ 90 cm，全株密被短刚毛。叶卵状椭圆形至披针形。花冠深桃红色至紫色，花姿美艳。

●繁殖：播种、扦插法，春季为适；剪 10 ~ 15 cm 中熟枝条为 1 段，去掉枝条下部的叶片，斜插于湿润介质中，经 20 ~ 30 天能发根。

●栽培重点：栽培土质不限，砂砾地亦能存活，但以排水良好的砂质壤土或腐叶土生长最佳，栽培处全日照或半日照均可。性虽耐旱，但土壤常保湿润，则生长较旺。施肥以氮、磷、钾肥料或有机肥每年施 2 ~ 3 次。早春应修剪整枝 1 次，老化的植株应施以强剪，促其发新枝，若已栽培数年以上，则最好更新栽培。性喜温暖至高温，生长适温 20 ~ 30 ℃。

1 2

1 野牡丹、山石榴
2 白花野牡丹、白埔笔花

3 4
3 南洋野牡丹、毛棯
4 紫后野牡丹

台湾野牡丹藤

Medinilla formosana

野牡丹科常绿蔓性灌木
别名：蔓野牡丹、台湾酸脚杆
原产地：中国台湾南部、东部

台湾野牡丹藤是我国台湾特有植物，原生于台湾省南部、东部海拔 500 ~ 1000 m 的山区。株高 50 ~ 150 cm，枝略圆，具刚毛。叶轮生或对生，倒卵形或卵状披针形，先端尾状或突尖。早春开花，花顶生，伞形花序，具下垂性，花色粉绿。浆果球形，紫红色，甚美艳。适合庭园点缀、作盆栽，果枝可作花材。

●繁殖：播种、扦插法，春、秋季为适期。

●栽培重点：栽培土质以砂质壤土或腐叶土为佳，性耐阴，半日照较理想。每 2 ~ 3 个月施肥 1 次，花期过后应整枝 1 次。性喜温暖，生长适温 22 ~ 32 ℃，夏季需阴凉通风。

台湾野牡丹藤

清雅优美 - 宝莲花

Medinilla magnifica

野牡丹科常绿灌木
别名：粉苞酸脚杆
原产地：亚洲热带和非洲热带

宝莲花株高 2 ~ 3 m，盆栽 50 ~ 100 cm，枝四角状。叶无柄，对生或轮生，卵状椭圆形，浓绿色，厚革质。花序由叶腋抽出，具悬垂性，苞片大，颇富观赏价值，其下的桃红色小花层层串串，清雅而优美，花期夏季。适合在庭园荫蔽地栽培或阴棚下盆栽。

●繁殖：春至夏季间以高压法育苗，唯发根率不高，宜使用发根素进行处理。

●栽培重点：栽培土质以疏松肥沃的腐叶土为佳。日照 40% ~ 60%，空气湿度高则生长旺盛。花谢后应立即整枝，冬季应减少灌水并注意防寒。性喜高温，生长适温 22 ~ 28 ℃。

宝莲花

角茎野牡丹

Tibouchina granulosa 'Cornutum'

野牡丹科常绿灌木
栽培种

角茎野牡丹株高可达 3 m，幼枝方形，全株密被短刚毛。叶对生，长椭圆形，先端渐尖，近全缘或细齿状绿，厚纸质，5 出脉。春至夏季开花，聚伞花序，花顶生，花冠紫色，花瓣 5 ~ 6 枚，雄蕊细长，萼宿存。娇艳绮丽，花期持久，适于庭园美化或大型盆栽。

●繁殖：扦插法，春、秋季为适期。

●栽培重点：栽培土质以腐殖质土或砂质壤土为佳。排水、日照需良好。春至秋季生长开花期施肥 3 ~ 4 次。春季修剪整枝，植株老化应施以强剪。性喜温暖，忌高温，生长适温 15 ~ 28 ℃，夏季需通风凉爽越夏。

角茎野牡丹

巴西野牡丹（粉花）
Tibouchina granulosa 'Jules'

野牡丹科常绿灌木
栽培种

巴西野牡丹株高 30 ～ 250 cm，枝条红褐色。叶对生，长椭圆至披针形，叶面具细茸毛，全缘，3 出脉。春末至秋季开花，花冠浓紫蓝色，5 瓣，中心雄蕊白色，花形酷似蒂牡花（*Tibouchina urvilleana*），花姿华贵。适于庭植或盆栽。园艺栽培种有粉花野牡丹。

●繁殖：扦插法，春、秋季为适期。

●栽培重点：栽培土质以腐叶土或砂质壤土为佳。排水、日照需良好。花期长，每月施肥 1 次。花期过后应修剪整枝，植株老化需强剪。性喜温暖至高温，生长适温 20 ～ 30 ℃。

1 巴西野牡丹
2 巴西野牡丹
3 粉花野牡丹

银绒野牡丹

Tibouchina heteromalla

野牡丹科常绿灌木
别名：银叶公主
原产地：巴西

银绒野牡丹株高可达 1 m 以上，全株密生银白色茸毛，枝条灰白色。叶对生，阔卵形，先端突尖，全缘，3 出脉，叶面银白色，脉络淡绿色，叶色清丽典雅。耐旱、耐阴，适于庭园美化或作盆栽。

●繁殖：扦插法，春、秋季为适期。

●栽培重点：栽培土质以腐殖质土壤或砂质壤土为佳，排水需良好。日照 60% ~ 80% 叶色最美好。春至夏季生长期施肥 2 ~ 3 次，氮肥偏多则叶色较美观。春季修剪整枝，植株老化需重剪或强剪。性喜高温多湿，生长适温 20 ~ 30 ℃，冬季需温暖避风越冬。

1 银绒野牡丹
2 银绒野牡丹

花姿幽美 - 蒂牡花

Tibouchina urvilleana

玉心蒂牡花

Tibouchina urvilleana 'White Gem'

野牡丹科常绿小灌木
蒂牡花别名：蒂牡丹、翠蓝木
原产地：
蒂牡花：巴西
玉心蒂牡花：栽培种

蒂牡花株高 30 ~ 120 cm。叶对生，长卵形，正反面皆密布茸毛。短聚伞花序着生于枝顶，娇艳浓紫的花冠，令人怜爱，花朵虽开一天即谢，但夏至秋季，花谢花开，花期不绝。适于庭园丛植、花坛美化或作盆栽。园艺栽培种有玉心蒂牡花。

●繁殖：扦插法或高压法。春、秋季为适期。

●栽培重点：栽培土质以砂质壤土或腐叶土为佳，排水、日照需良好。每 2 ~ 3 个月施肥 1 次。春季修剪整枝 1 次，植株老化应施以强剪。性喜温暖，不耐高温，生长适温 15 ~ 25 ℃，夏季宜在阴凉通风处越夏。

1 蒂牡花
2 玉心蒂牡花

香料植物 - **米仔兰**

Aglaia odorata（米仔兰）
Aglaia odorata 'Variegata'
（斑叶树兰）
Aglaia odorata 'Microphyllina'
（小叶树兰）

楝科常绿灌木或小乔木
米仔兰别名：树兰
斑叶树兰别名：斑叶米仔兰
原产地：
米仔兰：中国及东南亚
斑叶树兰、小叶树兰：栽培种

米仔兰株高可达 3 m。奇数羽状复叶，小叶 3 ～ 5 枚，长椭圆形，先端渐尖或钝头，全缘，革质。春至秋季开花，圆锥花序腋生，小花黄色细圆如粟，清雅芳香。果实卵形，熟果橙红色。园艺栽培种有小叶树兰，叶片较小，奇数羽状复叶，小叶 5 ～ 7 枚，倒卵形，开花密集，不易结果实；斑叶树兰叶片有黄色斑块或斑点。适作园景树、绿篱、大型盆栽。花可熏茶、制线香、提炼香精等。

●繁殖：米仔兰可用播种或高压法；小叶树兰不易结果实，常用高压法育苗。春至夏季为适期。

●栽培重点：栽培介质以壤土或砂质壤土为佳。春至秋季施肥 2 ～ 3 次。大树保持自然树形较美观，绿篱随时作必要的修剪。成树移植前需作断根处理。性喜高温、湿润、向阳之地，生长适温 22 ～ 30 ℃，日照 70% ～ 100%。

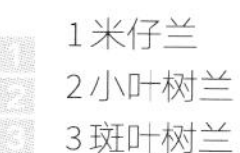

1 米仔兰
2 小叶树兰
3 斑叶树兰

粉扑花

Calliandra surinamensis

含羞草科落叶灌木
别名：粉红合欢、朱缨花
原产地：苏利南岛

红粉扑花

Calliandra emarginata

含羞草科半落叶灌木
别名：凹叶合欢
原产地：墨西哥

粉扑花株高 2 ~ 4 m。大叶互生、二回羽状复叶，小叶对生，8 ~ 12 对，长椭圆状披针形，夜间会闭合，白天再展开。5 ~ 7 月开花，头状花序，腋生，每朵小花细长的花丝聚合成束，形似粉扑，下端雪白，上半部呈粉红色，花姿优雅柔美，甚为可爱；唯花朵不耐强烈阳光直射，午后几乎成凋谢状态。适合庭植美化，不适于盆栽。

红粉扑花株高 1 ~ 2 m。叶和粉扑花有明显的差异，红粉朴花叶形较大，小叶仅 1 ~ 2 对，歪椭圆形至肾脏形，夜间会闭合。花形、花期近似粉扑花，唯花色为艳红色。适于庭园栽植或大型盆栽。

●繁殖：播种或扦插法，春季为适期。种子发芽适温 20 ~ 25 ℃，温度太低不发芽。

●栽培重点：栽培土质选择不严，但以富含有机质肥沃砂质壤土生长最佳，排水需良好。全日照或半日照均可，但花朵不耐强光直照，在半日照之下花朵寿命较长。通风力求良好，空气污染则生长不旺。施肥可用天然有机肥或化学肥料，春至夏季每 1 ~ 2 个月施用 1 次，冬季落叶则停止施肥，并减少灌水。成株矮化较美观，落叶后应加以修剪整枝，通风良好能使枝条均衡生长，并促进次年生长；对老化植株需施以强剪，可促使枝叶新生。性喜高温多湿，生长适温 23 ~ 30 ℃。

1 粉扑花
2 红粉扑花

花丝柔美 - **艳扑花**

Calliandra tweedii

含羞草科半落叶灌木
别名：绯合欢、醉礼朱缨花
原产地：墨西哥

艳扑花

艳扑花株高 50 ~ 100 cm，嫩枝、叶密生细毛。二回羽状复叶，小叶对生，夜间会闭合。春至夏季开花，花腋生，花丝细长，鲜红色，花姿极柔美。适作庭园美化或盆栽。

●繁殖：播种或扦插法，春季为适期。

●栽培重点：栽培土质以富含有机质的砂质壤土最佳，排水、日照需良好。春至夏季为生长旺盛期，每 1 ~ 2 个月施肥 1 次。花期过后应修剪整枝，若植株老化，每年春季作强剪。性喜高温，生长适温 23 ~ 32 ℃，冬季需温暖避风，忌长期潮湿，12 ℃以下需防寒害。

花似粉扑 - **艳红合欢**

Calliandra eriophylla

含羞草科常绿灌木或小乔木
别名：棉毛叶朱缨花、艳朴花
原产地：北美洲、墨西哥

艳红合欢

艳红合欢株高可达 2 m，枝条红褐色。叶互生，二回羽状复叶，小叶线形，阴天或夜间会闭合。花期极长，春末至秋季均能开花，头状花序腋生，花丝细长，下端雪白，上端紫红色，花形酷似粉扑，花姿娇艳可爱。适于庭园美化或盆栽。

●繁殖：播种或扦插法，春季为适期。

●栽培重点：栽培土质以肥沃的砂质壤土为佳。排水、日照需良好。春至秋季施肥 3 ~ 4 次。每年春季修剪整枝，植株老化需强剪。性喜温暖至高温，生长适温 20 ~ 30 ℃。

美洲合欢

Calliandra haematocephala
(美洲合欢)
Calliandra haematocephala
'White Powderpuff'（白绒球）

含羞草科落叶灌木
美洲合欢别名：红合欢、红绒球、美蕊花
原产地：
美洲合欢：巴西、毛里求斯
白绒球：栽培种

丽锥美合欢

Calliandfa houstoniana

含羞草科常绿灌木
别名：危地马拉朱缨花
原产地：墨西哥、美洲热带

1 2 3

1 美洲合欢
2 白绒球
3 丽锥美合欢

美洲合欢株高 1 ~ 2 m。二回偶数羽状复叶，小叶长卵形或披针形。伞形花序，花丝鲜红色，聚成一个红色可爱的小茸球。同类另有花丝纯白的栽培种，称为白绒球，花期春至秋季。

丽锥美合欢株高 2 ~ 4 m。二回羽状复叶，羽片 15 ~ 20 对，小叶 30 ~ 40 对，每 1 片羽叶有 2000 ~ 3000 片小叶，排列极为整齐细致。头状花序自枝顶的叶腋抽出，红色细长的花丝，由下面往上绽放，托着其上未开放的锥形绿色花序，煞是绮丽，花期春至秋季。二者皆适合庭园栽培，美洲合欢适于大型盆栽。

●繁殖：播种或扦插法，春季为适期。种子发芽适温 20 ~ 25 ℃，温度太低不易发芽。插穗宜剪未老化而组织充实的枝条，每段约 20 cm。

●栽培重点：栽培土质选择性不严，但以地势高、排水良好的肥沃砂质壤土生长最旺盛，栽培处日照需充足，荫蔽开花不良。植株定植前挖穴宜大，并施有机肥料作基肥，可使日后发长快速。幼株需水较多，生长期要注意灌水，勿放任干旱，盆栽较容易出现干旱缺水，叶片呈凋萎状，应注意补给水分。肥料可用有机肥或氮、磷、钾肥料，每 2 ~ 3 个月施用 1 次。每年春季修剪整枝 1 次，可保持树形的美观及高度；植株老化应施行强剪，可促使萌发新枝。冬季温暖避风，可使落叶减少。性喜高温多湿，生长适温 23 ~ 30 ℃。

奇异之果 - **无花果**

Ficus carica

桑科落叶灌木或小乔木
原产地：西亚

无花果

无花果株高 1 ~ 3 m。叶互生，掌状裂叶。隐头花序，花极微小，着生于中空的肉质花托（就是我们所说的果实）里面，花期夏季，果期夏至秋季，果实成熟可食用。适于庭园栽培或作大型盆栽。

●繁殖：扦插法为主，春季为适期。

●栽培重点：栽培土质以肥沃壤土为佳，排水、日照需良好，成株每季施肥 1 次。冬季落叶后应修剪整枝 1 次，老化的植株应施以强剪。性喜高温多湿，生长适温 23 ~ 30 ℃。

用途广泛 - **桑树**

Morus alba 'Downing'（大果桑、桑椹）

Morus 'Long Fruit'（长果桑）

桑科落叶灌木或乔木
栽培种

1 2

1 长果桑
2 大果桑、桑椹

桑树株高 2 ~ 4 m。叶互生，阔卵形，叶缘锯齿状。花细小，雌雄异株或同株，葇荑花序，授粉后整个雌花序发育成 1 个复合果；花期春季，果期春到夏季。适于庭植或作大型盆栽。近缘植物有长果桑，果实长条形，味甜。

●繁殖：扦插或高压法。春、秋季可进行，尤其早春插枝成活率最高。

●栽培重点：桑树生性强健，栽培土质选择不严，只要土层深厚且富含有机质，生长即旺盛。全日照或半日照均理想。肥料施用有机肥或氮、磷、钾肥料均佳，春、夏、秋季各 1 次。桑果采收后及冬季落叶后应各修剪 1 次，落叶后仅能修剪枯枝、病虫害枝，不可强剪或重剪；植株老化再施以强剪。性喜高温多湿，生长适温 23 ~ 30 ℃。

观果上品 - **紫金牛类**

Ardisia japonica（紫金牛）
Ardisia japonica 'Marginata'（镶边紫金牛）

紫金牛科常绿小灌木
原产地：
紫金牛：中国、日本
镶边紫金牛：栽培种

紫金牛：分布于我国南方及台湾中、北部低至中海拔阔叶树林下，株高 15 ~ 30 cm，地下根横走。叶银灰绿色，3 ~ 4 枚轮状互生，长椭圆形，先端锐，细锯齿缘。春季开花，伞形花序腋生，花冠白色，5 裂，花 2 ~ 5 朵下垂。花后能结果，果实球形，径 0.5 ~ 0.7 cm，熟果红艳美观，为观果之上品。性极耐阴，适合庭园荫蔽地点美化或盆栽。

镶边紫金牛：紫金牛的变种，株高 15 ~ 30 cm。叶 3 ~ 4 枚轮状互生，长椭圆形，先端锐，锯齿缘；叶面银灰绿色，边缘有乳白或乳黄色斑，新叶红褐色。成株也能开花结果，但以观叶为主。性耐阴，适合庭园荫蔽地美化或作盆栽，为高级的室内观叶植物。

●繁殖：紫金牛可用播种、分株、扦插或高压法。镶边紫金牛需用无性繁殖育苗，才能延续斑叶特征，如分株、扦插、高压或嫁接法等。春、秋季为适期。

●栽培重点：栽培土质以富含有机质的砂质壤土、腐殖质土为佳，排水需良好。栽培地宜选半日照或日照 40% ~ 60% 的地点，忌长期强烈日光直射。土壤不宜旱燥，需常保持湿润，空气湿度高，有利生长。每 2 ~ 3 个月施肥 1 次，磷、钾肥偏多能促进开花结果。性喜温暖，忌高温干燥，生长适温 15 ~ 25 ℃，夏季需阴凉通风越夏。

1 紫金牛
2 镶边紫金牛

红艳可爱 - **朱砂根**

Ardisia crenata

紫金牛科常绿小灌木
别名：万两金
原产地：中国、日本、东南亚

朱砂根原生于长江流域及福建、台湾、广东、广西等地区，株高 30 ~ 80 cm。叶互生，长椭圆形，厚纸质，叶缘有波状锯齿。花小不明显。核果球形，熟果红艳可爱，为观果珍品，果期冬至春季。适于作盆栽，果枝可作花材。

●繁殖：播种、扦插、压条、嫁接等方法，但以播种为主，春、秋季均可播种。

●栽培重点：栽培土质以砂质壤土或腐殖质壤土生长最良好。性耐阴，日照 50% ~ 60% 为佳，忌强烈日光直射。土壤需常保湿润。每 2 ~ 3 个月施肥 1 次。性喜冷凉至温暖，生长适温 15 ~ 25 ℃，夏季需阴凉通风越夏。

1 朱砂根
2 朱砂根

清雅脱俗 - **银香梅**
Myrtus communis

细叶香桃木
Myrtus communis var. *tarentina*

桃金娘科常绿灌木
银香梅名别：香桃木
原产地：
银香梅、香桃木：地中海沿岸
细叶香桃木：南欧至地中海沿岸

银香梅株高 1 ~ 2 m，老枝淡红色。叶互生，椭圆形或卵状披针形，先端尖，全缘。全年均能开花，但以春季为盛期，花腋出，5 瓣，纯白色，形似梅花。盛花期枝条缀满花苞花朵，清雅而脱俗，适于庭植美化或大型盆栽。园艺栽培种有细叶香桃木，可作香草植物。

●繁殖：高压法，春至秋季均可育苗。

●栽培重点：栽培土质以砂质壤土为佳，排水、日照需良好。每 2 ~ 3 个月施肥 1 次。花后应修剪整枝 1 次。性喜温暖，耐高温，生长适温 15 ~ 28 ℃；盆栽在冬季寒流来袭时需温暖避风，避免寒害使叶片枯焦。

1 银香梅
2 细叶香桃木

繁花似锦 - **松红梅**

Leptospermum scoparium（松红梅、帚叶薄子木）*Leptospermum scoplarium* 'Ruby Glow'（重瓣松红梅）

桃金娘科常绿小灌木
原产地：
松红梅：大洋洲、新西兰
重瓣松红梅：栽培种

1 松红梅、帚叶薄子木
2 重瓣松红梅
3 重瓣松红梅

松红梅品种甚多，栽培种株高约1 m，经修剪后仅20 ~ 50 cm，其枝条纤细。叶互生或丛生，线形或披针形。花有单瓣及重瓣，花色有红、桃红、粉红色等，花心多为深褐色，花期春至夏季或冬至春季，盛开时繁花似锦，清雅缤纷，极具观赏价值，适合盆栽、庭园栽植或作花材。性喜温暖，华南地区以中海拔山区栽培为佳。

●繁殖：播种、扦插或高压法，但以扦插、高压法为主，春、秋季为适期。发芽及发根适温约20 ℃，华南地区中海拔冷凉山区较合适，平地高温高湿则存活率低。

●栽培重点：栽培土质选择不严，只要排水良好的园土均能正常生长，若以富含腐叶的砂质壤土栽种，生长更佳；盆栽以腐殖质土混合河砂为佳。栽培处日照需充足，施肥用油粕、豆饼或各种有机肥料，生长期间每1 ~ 2个月施用1次，另于早春整枝后施用氮、磷、钾追肥，有利于开花。

幼株定植后应立即剪枝，若植株枝条稀疏，也应加以修剪，方能促使多生分枝，开花较繁盛。老株每年早春做1次更新修剪，每个枝条剪除约2/3的长度，只保留1/3，以矮化树冠，并能萌发新枝开花。松红梅性喜温暖，忌高温多湿、生长适温18 ~ 25 ℃；平地栽培夏季需阴凉通风越夏，尤其梅雨季节严防排水不良、长期潮湿。

古色古香 - 玉梅

Chamelaucium uncinatum

桃金娘科常绿灌木
别名：蜡花
原产地：大洋洲

玉梅株高 1 ~ 2 m。叶线状针形，1 ~ 5 枚一束对生。春至夏季开花，花腋生，花冠白色，5 瓣，花姿素雅。粉玉梅单叶对生，花朵较大，花冠粉白或粉红色，形似梅花，古色古香，为高级花材。此类植物适合庭植或盆栽。

●繁殖：扦插、高压，春、秋季为适期。

●栽培重点：栽培土质以肥沃的砂质壤土最佳。排水、日照需良好。春至夏季每 1 ~ 2 个月追肥 1 次。花期过后或每年春季修剪整枝，植株老化需强剪。性喜温暖，耐高温，生长适温 18 ~ 28 ℃。

玉梅

银叶铁心木

Metrosideros collina

桃金娘科常绿灌木
原产地：新西兰

银叶铁心木株高 30 ~ 100 cm，新芽及叶背密被白色茸毛。叶对生，椭圆形，全缘，厚革质。春季开花，花顶生，花丝红色，10 数朵聚生成团，花姿清雅美艳。适于庭园美化或作大型盆栽。

●繁殖：扦插、高压法，春、秋季为适期。

●栽培重点：栽培土质以腐殖质土或砂质壤土为佳。排水、日照需良好。秋至春季每 1 ~ 2 个月施肥 1 次。花期过后应修剪整枝。性喜温暖，忌高温多湿，生长适温 15 ~ 25 ℃；夏季高温期，需阴凉通风，梅雨季节严防排水不良、长期潮湿。

银叶铁心木

亮丽壮观 - **黄金蒲桃**

Syzygium polyanthum

桃金娘科常绿小乔木
原产地：爪哇

黄金蒲桃株高可达 5 m。叶有对生、互生或丛生枝端，披针形或倒披针形，全缘，革质。春至夏季开花，聚伞花序，花丝金黄色。成树盛花期满树金黄，极为亮丽壮观。适作园景树、行道树，幼株可盆栽。

●繁殖：播种、高压法，春季为适期。

●栽培重点：栽培土质以壤土或砂质壤土为佳。排水、日照需良好。幼株生长缓慢是正常现象。春至秋季 1 ～ 2 个月施肥 1 次，土壤保持湿润则生长较旺盛。每年春季修剪整枝。性喜高温，生长适温 22 ～ 32 ℃。

黄金蒲桃

观果上品 - **水莲雾**

Syzygium aqueum

桃金娘科常绿小乔木
别名：水蒲桃
原产地：马来西亚、婆罗洲

水莲雾是热带果树，株高可达 5 m，盆栽仅数十厘米即能结果。叶椭圆形或长卵状椭圆形，先端渐尖，全缘。春、夏季开花，聚伞花序，花瓣、花丝白或紫红色。浆果倒短圆锥形，长约 2 cm，熟果鲜红色，多汁，可食用。适作园景树，盆栽为观果上品。

●繁殖：播种、高压或嫁接法，春季为适期。

●栽培重点：栽培土质以壤土或砂质壤土为佳。排水、日照需良好。春至夏季每 1 ～ 2 个月追肥 1 次，磷、钾肥偏多有益开花结果。性喜高温，生长适温 22 ～ 32 ℃。

水莲雾

果色晶妍 - **扁樱桃**

Eugenia uniflora

桃金娘科常绿灌木或小乔木
别名：棱果蒲桃、红果仔
原产地：巴西

扁樱桃株高 2 ～ 3 m，幼枝细软常下垂。叶对生，长卵形，浓绿油亮，但新生的幼叶呈褐红色，具观赏性。花小，白色，4 瓣，单一或 2 ～ 3 朵簇生于叶腋。花后能结果，果柄细长，果实具 8 条纵棱，特别而可爱，未熟果黄绿色，逐渐转黄、橙黄至鲜红色，垂吊于枝头，极为精美，可生食、制果酱、酿药酒。春至秋季均能开花结果，适合作庭园栽培或大型盆栽；其枝叶生长茂密，四季常绿，亦可修剪成圆形、锥形等各种造型，美化庭园。

●繁殖：播种法，春、秋季为适期。将种子取出洗净，浅埋于疏松土中，约经 3 个星期可发芽，约经 1 年，苗高 15 cm 以上再移植。另在植株附近地面，常可发现由母株根际长出的幼株，亦可挖掘栽植。扁樱桃的根为直根系，细根甚少，移植时应特别注意挖掘要深，尽量避免切断根部，以免影响移植成活率。

●栽培重点：生性极强健，栽培土质选择性不严，但以肥沃的砂质壤土生长最佳，排水需良好，日照需充足。春、夏季为生长盛期，灌水要充足，每 2 ～ 3 个月施肥 1 次。每年夏季花、果期过后应修剪整枝 1 次，老化的植株应施行强剪；修剪各种造型者，全年随时加以整枝。性喜高温多湿，生长适温 23 ～ 30 ℃。

1 2

1 扁樱桃
2 扁樱桃枝繁叶密，四季常绿，可修剪整形成优雅的庭园树

桃金娘、岗棯
Rhodomyrtus tomentosa

桃金娘科常绿灌木
原产地：中国、日本、印度、马来西亚、大洋洲

桃金娘原生于我国南部红黄壤丘陵上。株高 0.5 ~ 3 m。叶对生，椭圆形，叶背颜色较浅。花腋出，两朵对生，密布枝条上，花瓣 5 片，桃红或粉红色，雄蕊多数，黄色的花蕊如繁星般耀眼，令人惊艳，花期春至夏季。适作盆栽或园景树，并可当花材。

●繁殖：播种或高压法，春、秋季为佳。

●栽培重点：栽培土质以排水良好的砂砾壤土生长最佳。栽培处全日照或半日照均理想。每 2 ~ 3 个月施肥 1 次。花后应修剪整枝。性耐旱喜温暖，生长适温 15 ~ 25 ℃，夏季需阴凉通风越夏。

桃金娘、岗棯

南美棯、费翘
Feijoa sellowiana

桃金娘科常绿大灌木
别名：凤梨番石榴
原产地：巴西、巴拉圭、乌拉圭

南美棯是果树之一，株高 1 ~ 3 m。叶对生，长卵形或长椭圆形，叶背银绿色，密布茸毛。花腋生，花瓣内面紫红色，外面粉白色，花丝鲜红色，花姿绮丽，花期 5 ~ 6 月。果实长椭圆形，具草莓、凤梨等酸甜风味，可食用，适作庭园美化或大型盆栽。

●繁殖：播种、高压或嫁接法，春季为适期。播种的实生苗大多做为嫁接砧木。

●栽培重点：栽培土质以肥沃壤土为佳，日照需充足。两个以上品种交列混植或使用人工授粉，可提高结果率。性喜温暖潮湿，忌高温干旱，生长适温 20 ~ 30 ℃。

南美棯、费翘

迷你番石榴 - **香拔**

***Psidium* 'Odorata'**

桃金娘科常绿灌木
栽培种

香拔是果树之一，株高 0.3 ~ 2 m。叶对生，长椭圆形，全缘。春、夏、秋季均能开花，花腋生，花冠白色，花后能结球形果实，熟果可食用，香脆可口。适作庭植美化、盆栽或修剪成型。

●繁殖：播种法，春、夏季均可育苗。

●栽培重点：生性强健，不拘土质，但以肥沃的壤土生长最佳。排水、日照需良好。每 2 ~ 3 个月施肥 1 次。每年春季应修剪整枝 1 次，老化的植株应施以强剪，促使萌发新枝，生长更旺盛。性喜高温，耐旱，生长适温 23 ~ 30 ℃。

1 香拔
2 香拔

榕仔拔、草莓番石榴

Psidium cattleianum

桃金娘科常绿小乔木
原产地：巴西

榕仔拔株高 1 ～ 2 m。叶对生，倒卵形，厚革质，乍看之下酷似榕树。花腋生，白色，春至夏季开花结果。果实椭圆形，肉少子多，味酸，可食用，风味特殊。适作大型盆栽或庭园点缀。

●繁殖：播种或嫁接法，春或秋季为适期。

●栽培重点：栽培土质以富含有机质的壤土为佳。日照需充足。施肥可用有机肥或氮、磷、钾肥料，每 1 ～ 2 个月施用 1 次，开花之前，磷肥比例增加可促进开花结果。性喜高温多湿，生长适温 22 ～ 30 ℃。

1 榕仔拔、草莓番石榴
2 榕仔拔、草莓番石榴

花形奇特 - **红千层类**

Callistemon citrinus（桔香红千层、金宝树）
Callistemon rigidus（红千层、红瓶刷子树）
Callistemon viminalis（串钱柳）
Callistemon 'Harkness'（密花串钱柳）

红千层类株高 1 ~ 5 m。叶互生，线形或长披针形，花呈圆柱形穗状花序，盛开时千百支雄蕊组成一支支艳红的瓶刷，甚为奇特。此类植物株形飒爽美观，开花珍奇美艳，花期长，花数多，且生性强健，栽培容易，深受人们喜爱，适作庭园美化、防风林、行道树、切花或大型盆栽，并可修剪整枝成高贵盆景。

桔香红千层：常绿灌木，株高 1 ~ 3 m，枝干细圆质硬，嫩枝叶有白色柔毛。叶互生，披针形，具有特殊香味。冬末至夏季开花，花顶生于枝梢，具直立性，圆柱形穗状花序，呈鲜红色。在红千层类中，以桔香红千层的花序最大，色彩最艳丽，纵然不开花，树冠及枝叶亦极清秀，为良好的园景树，也适于切花或大型盆栽，唯切花的吸水性有待加强。本种性喜温暖，生长适温 20 ~ 27 ℃。

红千层：灌木或小乔木，株高 1 ~ 5 m，枝条细长，上扬不下垂。叶互生，狭线形，花顶生，圆柱形穗状花序，花期冬至春季。适合庭植美化或作大型盆栽。

串钱柳：常绿灌木或小乔木，株高 2 ~ 5 m，枝条细长柔软，下垂如垂柳状。叶互生，披针形或狭线形。花顶生于枝梢，圆

1 桔香红千层、金宝树
2 红千层、红瓶刷子树

柱形穗状花序，几乎每个枝条均能开花，盛开时悬垂满树，美艳醒目，花期春至秋季，为高级庭园美化观花树、行道树，也适合作大型盆栽。园艺栽培种有密花串钱柳，穗状花密集。本种生性强健，性较耐阴，全日照或半日照之下均能开花。

●繁殖：播种、扦插或高压法繁殖，春、秋季为适期。通常以高压法育苗为主，大量育苗时才采用播种法，发芽适温18 ~ 25 ℃。

●栽培重点：红千层类生性强健，栽培土质选择性不严，但以排水良好而肥沃的砂质壤土生长最旺盛。栽培处全日照或半日照均理想，但日照充足，开花较繁盛。肥料以腐熟有机肥料或氮、磷、钾肥料年中分4 ~ 5次施用。小苗定植时挖穴宜大，并预施基肥，有利其后续的生长。幼株及春、夏季生长旺盛期需水较多，应注意补给，勿使之干旱。每年花期过后应修剪1次，若欲使树冠成乔木状，应随时剪除主干基部萌发的侧芽；老化的植株应施以强剪或重剪，促其萌发新枝叶。盆栽应使用33 cm以上大盆，盆土愈多生长愈旺盛。性喜温暖至高温，生长适温20 ~ 30 ℃。

桃金娘科常绿灌木或小乔木
串钱柳别名：垂花红千层
原产地：
桔香红千层、金宝树、红千层、红瓶刷子树、串钱柳：大洋洲
密花串钱柳：栽培种

3 4

3 串钱柳
4 密花串钱柳

金黄耀眼 - **迎春金莲**

Ochna 'Flore-Pleno'

金莲木科常绿灌木或小乔木
栽培种

迎春金莲株高可达2 m。叶互生，披针或长椭圆形，先端渐尖，细锯齿缘，薄革质，幼叶红褐色。春季开花，花腋生，重瓣花，花瓣数10枚，花冠金黄色，花姿亮丽耀眼。适作庭园美化或盆栽，老树可养成高贵盆景，花枝为高级花材。

●繁殖：嫁接法，春季为适期。

●栽培重点：栽培土质以壤土或砂质壤土为佳。排水需良好，日照60% ~ 100%。生长缓慢，春至夏季生长期每月施肥1次。花后修剪整枝，植株老化需强剪。性喜高温多湿，生长适温23 ~ 30 ℃，冬季需温暖避风越冬。

1 迎春金莲
2 迎春金莲

奇特可爱 - **鼠眼木**

Ochna atropurpurea

金莲木科常绿灌木或小乔木
别名：黑金莲木
原产地：非洲南部

鼠眼木株高1 ~ 2 m。叶互生，披针形，先端锐，细锯齿缘，薄革质。春至夏季开花，花腋生，花冠黄色；雄蕊及萼片宿存，肥厚呈红色。种子由绿转黑色，形状酷似米老鼠头部，甚为奇特可爱。适作庭植或大型盆栽。

●繁殖：播种或高压法，春季为适期。

●栽培重点：栽培土质以肥沃的壤土或砂质壤土最佳，排水需良好。性耐阴，全日照、半日照均理想。每1 ~ 2个月施肥1次，生长缓慢是正常现象。每年早春应修剪整枝，植株老化需强剪。性喜高温，生长适温20 ~ 30 ℃。

鼠眼木

鸟眼木

Ochna serrulata

金莲木科常绿灌木或小乔木
别名：细锯叶金莲
原产地：南非

鸟眼木又名细锯叶金莲，原产南非，株高2 ~ 3 m。叶互生，长椭圆形至披针形，先端短渐尖，细锯齿缘，薄革质。春至夏季开花，花腋生，花冠黄色，花瓣5枚，雄蕊及萼片宿存，花托肥厚呈鲜红色。果实由绿转褐黑色，造型酷似鸟儿的头冠或米老鼠的头部，甚可爱。适于庭园美化、大型盆栽或作插花材料。

●繁殖：播种法，春、夏季为适期。

●栽培重点：栽培介质以壤土或砂质壤土为佳。春至秋季施肥3 ~ 4次。早春开花前修剪整枝，植株老化应施以重剪或强剪，促使枝叶新生。性喜高温、湿润、向阳至荫蔽之地，生长适温23 ~ 32 ℃，日照50% ~ 100%。生性强健，成长缓慢，耐热、耐旱、耐阴，冬季需温暖避风越冬。

1 鸟眼木
2 鸟眼木

桂叶黄梅

Ochna kirkii

金莲木科常绿灌木或小乔木
别名：米老鼠树、金莲木
原产地：非洲热带

桂叶黄梅株高 1 ~ 3 m。叶互生，长椭圆形，叶端有针状突尖，叶缘有针状疏锯齿，厚革质。夏至秋季开花，花冠黄色，花瓣 5 枚。通常植物授粉后花瓣、雄蕊、花萼大多会脱落，仅留雌蕊的肥大子房结果，但桂叶黄梅的雄蕊及萼片不但不脱落，还渐渐转成鲜红色。果实成熟也由绿转乌黑色，造型酷似卡通米老鼠的头部。全株常见花果，色彩变化万千，清雅奇特，极富观赏价值，适于庭园点缀栽培或大型盆栽。

●繁殖：可取果实内的种子播种，春至夏季为适期。成苗种植 1 ~ 2 年，即可移植至庭园栽培。另成株开花结果后，种子掉落地面，亦常见自行发芽成苗。

●栽培重点：栽培土质选择性不苛，只要排水良好的普通园土均能成长。栽培处全日照、半日照生长均佳，但日照良好开花较繁盛。定植时挖穴宜大，并预施基肥。每年春、夏季生长旺期，应注意浇水，勿使干旱。1 年应施肥 3 ~ 4 次，有机肥料如豆饼、油粕、鸡粪或氮、磷、钾肥料皆适用。早春开始生长前，应整枝修剪 1 次，可维持树型美观，并促使萌发更多侧枝供开花。栽培数年后植株逐渐老化，宜强剪 1 次，促进枝叶新生。性喜高温，喜肥，生长适温 23 ~ 30 ℃，冬季需温暖避风越冬。

1 2

1 桂叶黄梅
2 桂叶黄梅果实酷似卡通米老鼠，雅致可爱

金碧辉煌 - **连翘**

Forsythis suspenaa（连翘）
Forsythia × *intermedia* 'Spectabilis'（密花连翘）

木犀科落叶灌木
密花连翘别名：金连翘
原产地：
连翘：中国
密花连翘：杂交种

连翘株高 1 ~ 3 m，分枝密集，丛生状。叶对生，长卵形，锯齿缘。雌雄异株，早春 2 ~ 3 月开花，花腋生，瓣 4 枚，金黄色。冬季落叶，先花后叶，盛花期满树金碧辉煌，颇为耀眼。杂交品种密花连翘，开花较密，花瓣狭长。此类植物性喜冷凉，华南地区适合在中海拔冷凉山区栽培，适于庭植或切花。

●繁殖：扦插或高压法，春、秋季为适期。

●栽培重点：栽培土质以肥沃的石灰质壤土为佳，日照需充足。花后修剪 1 次，每年 6 月后花芽开始分化，应避免修剪。性喜冷凉，忌高温，生长适温 10 ~ 22 ℃。

1 连翘
2 密花连翘
3 密花连翘

雪白素雅 - **流苏树**

Chionanthus retusus

木犀科落叶小乔木
别名：流疏树、茶叶树
原产地：中国

流苏树原生于我国辽宁省及华北、华中地区，株高 4 ～ 8 m。叶对生，卵形或椭圆形。春季开花，聚伞花序，花顶生，花白色，4 瓣，盛开时全株如披被雪花，洁白素雅，极具观赏价值，为高级园景树。

●繁殖：播种、扦插或高压法。春、秋季为播种适期，行扦插法以早春萌芽前最佳。

●栽培重点：栽培土质以富含腐殖质的壤土最佳。性耐阴，半日照或全日照均理想。春至秋季每 2 ～ 3 个月施肥 1 次。花后应整枝修剪。性喜温暖，生长适温 20 ～ 27 ℃。

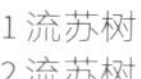

1 流苏树
2 流苏树

处处飘香 - **桂花类**

Osmanthus fragrans 'Albus'（银桂）
Osmanthus fragrans 'Aurantiacus'（丹桂）
Osmanthus × *fortunei*（齿叶桂花）

1 2
3

1 银桂
2 齿叶桂花
3 丹桂

木犀科常绿灌木
丹桂别名：金桂
银桂、丹桂：栽培种
齿叶桂花：杂交种

桂花类株高 1 ～ 3 m，品种有银桂、丹桂、齿叶桂花等。叶对生，卵披针形或长椭圆形，全缘或锯齿缘。总状花序顶生或腋出，花两性亦有单性，花冠 4 裂，花小具清香。银桂开花乳白色，丹桂花橙黄色，齿叶桂花呈白色，全年均能开花，但以秋季最盛，正所谓秋桂飘香。适合作庭植美化、绿篱或大型盆栽，花晒干后可泡茶、作香料，是广受喜爱的香花植物。银桂生性强健，各地普遍栽培；丹桂是银桂的变种；齿叶桂花是银桂与刺格 *O.heterophyllus* 的杂交种，性喜冷凉或温暖，仅零星栽培。

●繁殖：高压法或扦插法，其中以高压法育苗的成活率较高，成长速度快，被广为采用，春、夏、秋季均可育苗。

●栽培重点：栽培土质以能保持湿润的肥沃壤土或砂质壤土为佳，排水及通风力求良好。栽培处全日照、半日照均理想。肥料可用天然有机肥如豆粕、鸡粪、猪粪或氮、磷、钾肥料，每年施用 3 ～ 4 次。盆栽每年早春应换土换盆 1 次，土壤宜保湿润，勿使干旱，有利于生长开花。成株每年早春应修剪整枝 1 次，剪除病枝、弱枝，可维持树冠美观并促进生长。绿篱栽培则每年修剪 2 ～ 3 次。性喜温暖，耐高温，生长适温 15 ～ 28 ℃。

蓝丁香

Syringa meyeri（蓝丁香）

洋丁香

Syringa vulgaris var. *alba*（白花洋丁香）

木犀科落叶灌木
蓝丁香别名：莫尔丁香
原产地：
南丁香：中国华北
白花洋丁香：欧洲

蓝丁香：株高 1 ～ 2 m，盆栽株高 20 ～ 40 cm 即能开花。叶对生，阔卵形，全缘，幼枝、叶密布细茸毛。春季开花，圆锥花序，花顶生，花冠筒状 4 裂，粉红至粉白色，具芳香。

白花洋丁香：株高 2 ～ 3 m。叶对生，阔卵形或倒卵形，先端尖。4 ～ 5 月开花，圆锥花序，花顶生，花冠雪白，长筒状 4 裂，清香四溢；原种开花紫红色，俗称“紫丁香”，为制作香水的高级原料，其名常为人们歌颂，几乎家喻户晓。

此类植物适合作庭园美化或大型盆栽，性喜冷凉，华南地区宜在中、高海拔冷凉山区种植，平地高温越夏困难。

●繁殖：分株、扦插、高压或嫁接法。冬季落叶后，春季新芽萌发前，剪取中熟枝条扦插成活率最高，必要时用发根剂处理，以促进发根。

●栽培重点：栽培土质以中性或稍带碱性的肥沃砂质壤土最佳，酸性太强的土壤，应配合石灰加以调整。排水、日照需良好，生长期间每 2 ～ 3 个月施肥 1 次，春季适量给磷肥、草本灰，基部加以培土，有利开花。成株忌移植，冬季落叶后或花期过后应修剪整枝 1 次，植株老化应施以强剪。性喜冷凉，忌高温多湿，生长适温 8 ～ 18 ℃，夏季应避免酷热高温。

1 2

1 蓝丁香
2 白花洋丁香

春之先知 - **卷瓣探春**

Jasminum humile 'Revolutum'

木犀科常绿小灌木
栽培种

卷瓣探春株高 1 ~ 2 m，枝条具角棱。奇数羽状复叶，互生，小叶长卵形或卵状椭圆形，革质富光泽。春季开花，筒状花冠，先端 5 裂，鲜黄色。果实球形。极为清逸美观，适合作庭植、大型盆栽或为切花。性喜冷凉或温暖，华南地区适合高冷地栽培。

●繁殖：播种、扦插或高压法，但以扦插法成活率为高，春、秋季为适期。

●栽培重点：栽培土质以肥沃的砂质壤土为佳，排水、日照需良好。每季约施肥 1 次，花期过后应修剪整枝 1 次。性喜冷凉至温暖，忌高温多湿，生长适温 15 ~ 20 ℃。

卷瓣探春

素馨

Jasminum grandiflorum

木犀科常绿软枝灌木
原产地：克什米尔、喜马拉雅

素馨株高可达 1.5 m，枝绿色，柔软弯垂。奇数羽状复叶，对生，小叶 7 ~ 9 枚，顶小叶最大，阔卵形或长卵形，先端突尖或渐尖，全缘，薄革质。夏至秋季开花，花腋生，花冠筒状，先端 5 裂，白色，花瓣外侧带紫红色，具优雅的香气。适合作庭园美化、盆栽；花朵可提炼精油，可制高级香水、化妆品或药品。

●繁殖：扦插或压条法，春、秋季为适期。

●栽培重点：栽培介质以腐殖质土或壤土为佳。春至秋季施肥 3 ~ 4 次。植株老化应施以重剪或强剪。春季或花后应修剪整枝。性喜温暖至高温、湿润、向阳之地，生长适温 20 ~ 30 ℃，日照 70% ~ 100%。

素馨

喜气洋洋 - **倒挂金钟**

Fuchsia hybrida

柳叶菜科落叶小灌木
别名：吊灯花、灯笼花
杂交种

倒挂金钟株高 1 ~ 1.5 m，盆栽或经过修剪的株高 20 ~ 40 cm。枝条柔软，伸长后具悬垂性。叶对生，椭圆形或长卵形，叶缘锯齿状。花着生于枝条上端的叶腋处，花梗细长而下垂，花萼具观赏性，或张开或反卷，花瓣含羞微展，单瓣或重瓣，花柱及花丝细长而突出于花瓣之外，酷似小灯笼。花色变化丰富，花萼有红、白、粉、桃等色，花瓣有红、白、粉、桃、紫等色；华南地区平地花期为冬至春季，高冷地则四季常开，适于盆栽、吊盆或庭园美化。性喜冷凉或温暖，华南地区以中海拔冷凉山区栽培为佳，平地高温越夏困难。

●繁殖：扦插法，华南地区需在中海拔山地进行。春或秋季为适期。剪取顶芽 5 ~ 7 cm 或未完全木质化的中熟枝条，每段 2 ~ 4 节，浸水半小时后扦插。

●栽培重点：栽培土质以疏松、肥沃且富含有机质的腐叶土为佳。日照 60% ~ 70%，过度荫蔽易徒长且开花不良。栽种前以有机肥或缓效化学肥做为基肥，其后每 20 ~ 30 天施用 1 次速效肥。栽植后酌情摘心，促使多分枝，老枝不会开花，每年必须修剪整枝，促使新枝萌发。性喜冷凉或温暖，忌高温多湿，生长适温 15 ~ 20 ℃。

1 倒挂金钟
2 倒挂金钟
3 倒挂金钟

富贵之花 - **牡丹**

Paeonia suffruticosa

牡丹科落叶灌木
原产地：中国、不丹

1 牡丹
2 牡丹
3 牡丹

牡丹株高 1 ~ 1.5 m。叶对生，1 ~ 2 回羽状复叶，小叶因品种不同而各不相同，但多为裂叶。春至初夏开花，顶生，重瓣，花色有红、黄、白、桃红、粉红等色，种类繁复，盛开时花冠径达 20 ~ 30 cm，花姿雍容华贵，为花中之王，常为赋诗入画题材。适作大型盆栽或庭园美化。

●繁殖：嫁接法，每年 9 月嫁接成活率最高。选二年生芍药实生苗做砧木，嫁接成功后翌年 9 月定植，若延至春季定植则生长较差。

●栽培重点：牡丹性喜冷凉、干燥，生长适温 8 ~ 20 ℃，冬季落叶休眠间以能降霜雪并连续低温在 5 ℃以下 1 ~ 2 个月的地点为最佳。栽培土质以排水良好，富含有机质的肥沃砂质壤土为佳。日照需良好，午后不西晒，并有遮雨设备最理想。庭园露地栽培者，定植后不再移植为宜。施肥以腐熟堆肥，豆饼、油粕、骨粉、干鸡粪等混合施用，每年 2 月、5 月下旬各施用 1 次。花芽约在每年 7 月间开始分化，9 ~ 10 月间应修剪整枝 1 次，每一枝条仅保留顶端 2 枚花芽，其他花芽应予以摘除，开花才能硕大。春季在基部砧木常有芽发出，必须立即摘除，避免养分分散。开花时需立支柱，预防倒伏。花谢后剪除残花，避免结实，以保持植株健壮。

珊瑚珠科 PETIVERIACEAE

观果上品 - **珊瑚珠**

Rivina humilis

珊瑚珠科半落叶亚灌木
别名：矮商陆、如意果
原产地：西印度群岛至美洲热带

珊瑚珠株高 40 ~ 80 cm，枝条柔软，深紫褐色。叶互生，披针状长卵形，先端渐尖，具紫褐色波状缘。春末至秋季均能开花，总状花序腋生或顶生，小花白色，花后能结果。浆果红熟富光泽，径约 0.5 cm。观果为主，种子落地常能发芽自生，适于庭园美化或盆栽。

●繁殖：播种、扦插法，春至夏为适期。

●栽培重点：生性强健，栽培土质以壤土或砂质壤土为佳。排水、日照需良好。春至夏季施肥 2 ~ 3 次。果期过后做修剪整枝，植株老化需加以强剪并施肥，促使枝叶再生。性喜高温，生长适温 22 ~ 32 ℃。

珊瑚珠

蓝雪花科 PLUMBAGINACEAE

轻盈妩媚 - **红雪花**

Plumbago indica

蓝雪花科亚灌木
别名：紫雪花
原产地：马来西亚

红雪花株高 40 ~ 70 cm。叶互生，卵形或椭圆形，长 4 ~ 8 cm，叶面微皱，近革质，先端钝或尖。秋至冬季开花，花顶生，花冠红色，花瓣 5 枚，花姿轻盈妩媚。适于庭园美化、缘栽、花坛或盆栽。

●繁殖：扦插法，春至夏季为适期。

●栽培重点：栽培土质以富含有机质的砂质壤土最佳，排水需良好。全日照、半日照均理想。春、夏季每 1 ~ 2 个月施肥 1 次。早春或花期过后应修剪整枝，老化的植株应施以强剪。性喜高温，生长适温 23 ~ 32 ℃。冬季呈休眠状态，忌潮湿，12 ℃以下需防寒害。

红雪花

花色优雅 - **蓝雪花**

Plumbago auriculata（蓝雪花）
Plumbago auriculata 'Snow White'（白雪花）

蓝雪花科常绿亚灌木
蓝雪花名别：蓝花丹
原产地：
蓝雪花：非洲南部
白雪花：栽培种

蓝雪花株高 1 ～ 1.5 m，但低矮的幼株高度仅 10 余厘米即能开花。枝条伸长后呈半蔓性，易下垂。叶互生，具短柄，长椭圆形，叶端钝。花序顶生，花冠浅蓝或淡紫色，花筒极细长，花瓣 5 枚，每瓣中央有一深紫色的纵纹线，花期 5 ～ 10 月，花谢花开，持续不断。适合作庭园丛植、缘栽、花坛、地被或盆栽。园艺栽培种有白雪花。

●繁殖：扦插法，春至初夏为适期，剪取未着花的中熟枝条，每段 8 ～ 12 cm，下端叶片摘除，上端叶片剪半，扦插于湿润介质中，约经 2 周能发根，待根生长旺盛后再移植。亦可将 3 ～ 5 根插穗直接插于盆土中，待发根后，加以施肥等管理，即成盆栽。

●栽培重点：栽培土质以富含有机质的砂质壤土最佳。排水需良好，但保持土壤湿润有助生长。全日照、半日照均能生长，过分阴暗则易徒长且开花不良。施肥可用有机肥或化学肥，每 1 ～ 2 个月施用 1 次。早春或花期过后应修剪整枝 1 次；植株老化则应在早春施以强剪，并补给肥料，促使萌发新枝供开花。性喜温暖至高温，生长适温 22 ～ 28 ℃，冬季生长缓慢或停止，应停止施肥，减少灌水；须注意冬季避免长期潮湿或排水不良，10 ℃以下要预防寒害。

1 2

1 蓝雪花
2 白雪花

甜豆树
Polygala × dalmaisiana

远志科常绿灌木
杂交种

甜豆树是杂交种，原产于南非亚热带地区，株高可达 2 m。叶无柄，长椭圆形或线状椭圆形，先端钝圆或有小突尖，全缘，膜质。全年均能开花，尤以春季为盛。短总状花序顶生，花冠蝶形，紫色或带有白色斑点，花姿优柔可爱。适作园景美化、大型盆栽。

●繁殖：播种或扦插法，春季为适期。

●栽培重点：栽培介质以腐殖质土或砂质壤土为佳。花期长，春至夏季每 1 ~ 2 个月施肥 1 次。花后或早春应修剪整枝，植株老化施以重剪或强剪。性喜高温、湿润、向阳之地，生长适温 22 ~ 30 ℃，日照 70% ~ 100%。生性强健，耐热也耐寒、耐旱、不耐阴。

1 甜豆树
2 甜豆树

花红似火 - **安石榴类**

Punica granatum（安石榴）
Punica granatum 'Pleniflora'（重瓣红石榴）
Punica granatum 'Multiplex'（重瓣白石榴）
Punica granatum 'Nana'（矮石榴）

安石榴科落叶灌木或小乔木
安石榴别名：石榴、榭榴
原产地：
石榴、安石榴、榭榴：地中海沿岸
重瓣红白石榴、重瓣白石榴、矮石榴：栽培种

1 安石榴
2 安石榴

3 重瓣红石榴
4 重瓣红石榴
5 重瓣白石榴
6 矮石榴

安石榴类株高约 1 ~ 3 m，矮性品种株高仅 15 ~ 30 cm。叶对生或簇生，长椭圆形，新抽出的叶呈红褐色。花腋生，单瓣或重瓣。重瓣花的花瓣成彩球状，花色鲜艳，却因雌雄蕊瓣化而不易结果，花色有橙红、粉黄或乳白等色。春、夏、秋季均能开花，而以夏季为最盛。浆果球形，成熟后可食用，种皮呈半透明状，酸中带甜，风味特殊。成株常见红艳似火的繁花朵朵，结实累累，为高级观花树种。高性种适合作庭植，矮性种适合作盆栽或花坛布置。

●繁殖：播种、扦插或高压法，但以扦插法较为常用，春季为适期。插穗取上 1 年生强健无病虫害枝条，每 10 ~ 15 cm 剪成 1 段，插于湿润介质中，经 30 ~ 40 天能发根成苗。高压法可选 2 ~ 3 年生强健枝条，于平滑处环状剥皮，再包裹湿润水苔使之发根。

●栽培重点：安石榴类生性强健，栽培容易，不择土质，但以排水良好的肥沃壤土生长最佳。日照充足则生长良好，半日照则开花较差。每年早春应修剪整枝 1 次，老化的植株施以强剪，维持高度及树形，并有利于夏季开花。肥料于春、夏、秋季各施 1 次，有机肥或氮、磷、钾肥料均适宜。盆栽宜注意灌水，避免长时间失水，以免生长衰弱、停滞而使开花不良。性喜高温多湿，生长适温 23 ~ 30 ℃，冬季落叶休眠期应避免土壤长期潮湿或排水不良。

山龙眼科 PROTEACEAE

银实树

Leucospermum cordifolium

山龙眼科常绿灌木
原产地：南非

银实树

银实树株高可达 90 cm。叶互生，无柄，卵形或卵状椭圆形，先端钝或 3 浅裂，全缘，革质。春末至夏季开花，头状花序顶生，花冠由黄转橙黄至橙红色，雄蕊丝状细长，花姿硕大妩媚。适作园景美化、花坛、切花或制干燥花。

●繁殖：播种或扦插法，春季为适期。

●栽培重点：栽培介质以腐殖质土或砂质壤土为佳。春至秋季每 1 ～ 2 个月施肥 1 次。花后修剪整枝，植株老化施以强剪。性喜冷凉至温暖、干燥、向阳之地，生长适温 12 ～ 22 ℃，日照 70% ～ 100%。耐寒，不耐热。

蔷薇科 ROSACEAE

清丽典雅 - 垂丝海棠

Malus halliana

蔷薇科落叶乔木
原产地：中国

垂丝海棠

垂丝海棠株高 5 ～ 7 m。叶互生，倒卵形或椭圆形，先端钝或尖。春季开花，花单瓣或重瓣，4 ～ 7 朵簇生于短枝上，粉红色，花梗下垂，花姿清丽典雅。适合作庭植美化或大型盆栽。

●繁殖：播种或嫁接法，早春嫁接，砧木可用播种实生苗或圆叶海棠。

●栽培重点：栽培土质以排水良好的肥沃壤土最佳，日照需良好，生长期间每 2 ～ 3 个月施肥 1 次。春末花期过后应修剪整枝。性喜温暖，忌高温，生长适温 15 ～ 22 ℃。华南地区高冷地适合栽培。

贴梗海棠

Chaenomeles speciosa（贴梗海棠）
Chaenomeles speciosa 'Chojurka Plena'（长寿乐木瓜）
Chaenomeles × *superba*（刺梅）

蔷薇科落叶灌木
贴梗海棠别名：花木瓜、皱皮木瓜
原产地：
贴梗海棠：中国
长寿乐木瓜：栽培种
刺梅：杂交种

贴梗海棠别名花木瓜、皱皮木瓜，原产我国亚热带至温带地区。株高可达 3 m，盆栽高度可控制在 20 ~ 50 cm，枝常有棘刺。叶簇生，卵形或椭圆形，先端锐或微凹，细锯齿缘。冬至早春开花，花先叶开，花腋生，花冠橙红色，花姿酷似梅花，古色古香。核果球形或卵形。园艺栽培种有长寿乐木瓜，花冠橙红色，重瓣花。杂交种称刺梅 *Chaenomeles* × *superba*，为贴梗海棠与日本木瓜（日本海棠）的杂交种。适作庭园美化、盆栽、切花，老树可养成高贵盆景。果实可药用或制水果酒。

●繁殖：扦插或高压法，早春、晚秋为适期。

●栽培重点：栽培介质以腐殖质土或砂质壤土为佳，排水力求良好。春至夏季每 1 ~ 2 个月施肥 1 次，冬季落叶休眠期施用有机肥料。盆栽生长缓慢，每年 8 月以后花芽分化，不可强剪成熟的老枝，仅可修剪病枝、徒长枝，以免影响春季开花。性喜温暖、干燥，生长适温 15 ~ 25 ℃，日照 60% ~ 80%。华南地区高冷地栽培为佳，平地夏季生长不良。

1 贴梗海棠
2 刺梅
3 长寿乐木瓜

棣棠花

Kerria japonica（棣棠花）
Kerria japonica 'pleniflora'
（重瓣棣棠花）

蔷薇科落叶灌木
原产地：中国、日本

棣棠花株高 60 ～ 180 cm。叶互生，披针状长卵形，先端渐尖，重锯齿缘。春至夏季开花，花顶生，花冠黄色，花姿明媚典雅。适于庭植或大型盆栽。性喜温暖，华南地区以高冷地栽培为佳，平地高温，越夏困难。

●繁殖：播种、扦插、分株法，春季为适期。

●栽培重点：栽培土质用肥沃的腐殖质土或砂质壤土。排水、日照需良好。春至夏季每 1 ～ 2 个月追肥 1 次。冬季落叶后修剪整枝。性喜冷凉至温暖，忌高温多湿，生长适温 12 ～ 25 ℃。园艺栽培种有重瓣棣棠花，花型重瓣。

1 棣棠花
2 重瓣棣棠花

状元红、台湾火棘

Pyracantha koidzumii

蔷薇科常绿灌木或小乔木
原产地：中国台湾

台湾火棘原生于我国台湾省的台东、花莲低海拔河床的向阳之地，株高 1 ~ 2 m，盆栽 20 ~ 50 cm，小枝先端成刺状。叶 3 ~ 5 枚簇生，倒披针形或长椭圆形，先端微凹，全缘，略反卷。3 ~ 4 月开花，聚伞花序顶出，花小，白色，5 瓣；花虽小，但为数极多，盛花时犹如满株覆雪。花后能结果，扁球形，成熟时由绿转红色，成株结实可达数千粒，美丽壮观，为观果珍品，果期冬至早春，观赏期有 3 个月以上，适合作盆栽、绿篱或庭园栽植美化。

●繁殖：播种、扦插或高压法繁殖，但以扦插或高压为主，成长速度快，春季为适期，健壮的枝条经高压法栽培后，肥培 2 年即能开花结果。

●栽培重点：生性健强、栽培土质以疏松肥沃的砂质壤土为佳，排水力求良好，定植前土中宜预埋有机肥如豆饼、油粕、骨粉、干鸡粪等作基肥。栽培处日照充足开花结果才能繁盛，定植成活后，每 1 ~ 2 个月施用 1 次氮、磷、钾肥料或腐熟豆饼水。每年结果期过后，应整枝修剪 1 次，作绿篱栽培应每年修剪数次，促其多分枝，并施用有机肥料补给养分，则翌年生长更旺盛。盆栽每年需按植株生长情形，逐年更换大盆，并更新培养土，换盆在早春进行最适宜。性喜高温耐旱，生长适温 20 ~ 30 ℃。

1 状元红、台湾火棘
2 台湾火棘开花白色，盛花时犹如满株覆雪

重瓣麻球、红麻球

Spiraea japonica（红麻球、粉花绣线菊）
Spiraea cantoniensis 'Lanceata'（重瓣麻叶绣球菊、重瓣麻球）
Spiraea japonica 'Anthony Waterer'（鲜红绣球菊）

蔷薇科落叶灌木
原产地：
红麻球、粉花绣线菊：日本、韩国
重瓣麻球、重瓣麻叶绣球：栽培种
鲜红绣球菊：栽培种

红麻球：株高 30 ~ 60 cm。叶互生，阔卵形或长卵形，粗锯齿缘。春至夏季开花，伞形花序，花冠 5 瓣，小花多数聚成绣球状，花色有粉红、红、浓红、白色等，花姿花色柔美悦目，颇受人喜爱。园艺栽培种有鲜红绣球菊。

重瓣麻叶绣球菊：株高 1 ~ 2 m。叶互生、长菱形，叶缘前半部呈锯齿状，后半部全缘，甚为奇特。伞形花序腋出，重瓣花，枝条前半段几乎每节位均能着花，盛开时每一花序聚生成绣球状，色雪白，花姿素雅，花期春至夏季。

此类植物适合作庭植美化、盆栽或切花作插花材料。

●繁殖：扦插或分株法。早春新叶未萌发前为扦插适期，剪取上一年生的强健枝条，每 10 ~ 15 cm 为 1 段，斜插于湿润介质中，约经 1 个月后能发根成苗。

●栽培重点：栽培土质以富含有机质的肥沃腐殖质壤土生长最佳，排水需良好。栽培处全日照或半日照均能生长，但日照充足则开花较旺盛。施肥以天然有机肥或氮、磷、钾肥料每 2 ~ 3 个月施用 1 次。冬季落叶后应行修剪整枝，以维持高度，保持树型美观及促进生长。重瓣麻叶绣球菊性喜温暖，耐高温，生长适温 15 ~ 26 ℃；红麻球性喜冷凉，忌高温潮湿，生长适温 10 ~ 20 ℃，夏季力求阴凉通风，梅雨季节应避免长期潮湿或排水不良。

1 红麻球、粉花绣线菊
2 重瓣麻叶绣线菊、重瓣麻球
3 鲜红绣线菊

清丽素雅 - **密花麻球**

Spiraea cantoniensis 'Mizuho'

蔷薇科落叶灌木
别名：小手球、密花麻叶绣线菊
栽培种

密花麻球株高 1 ~ 2 m，枝条细长，黑褐色。叶互生，披针状长椭圆形，叶缘上半段锯齿状，下半段全缘。春至夏季开花，花腋生，伞形花序，小花多数，聚生成球形，雪白色，花姿素雅。适于庭园美化或大型盆栽，切花为高级花材。

●繁殖：扦插法，早春为适期。

●栽培重点：栽培土质以腐叶土或砂质壤土为佳。排水、日照需良好。春至秋季施肥 3 ~ 4 次。花期过后修剪整枝，植株老化需强剪。性喜温暖，耐高温，生长适温 15 ~ 26 ℃。

密花麻球

轻盈脱俗 - **珍珠花**

Spiraea thunbergii

蔷薇科半落叶灌木
别名：珍珠绣线菊
原产地：中国、日本

珍珠花株高 40 ~ 100 cm，枝条细长具悬垂性。叶互生，长椭圆形，叶缘具细锯齿。花腋生，花瓣 5 枚，雪白的花瓣清新而素雅，花期春季。适合作庭园美化、盆栽、切花。

●繁殖：扦插或高压法，春季为适期。

●栽培重点：栽培土质以肥沃的砂质壤土或腐叶土为佳。全日照、半日照均理想。生长期 2 ~ 3 个月施肥 1 次。植株自然形态美观，尽量少修剪，尤其夏季过后，花芽已分化，要避免修剪。性喜温暖，耐高温，生长适温 15 ~ 28 ℃，夏季需阴凉通风越夏。

珍珠花

清逸美观 - **梨**

Pyrus serotina

蔷薇科落叶小乔木
原产地：中国

梨是经济果树，株高 2 ~ 4 m，盆栽经修剪后高 40 ~ 80 cm。叶互生或簇生，阔卵形。花白色，花瓣 5 枚，清逸美观，花期春季。花后结果可供观赏或食用，如果要使其丰产，则需异种授粉。适合作庭植或大型盆栽。

●繁殖：嫁接法育苗为多，以 1 ~ 2 年生乌梨为砧木，早春未萌芽前宜嫁接。

●栽培重点：土质以疏松肥沃的壤土为佳。栽培处日照需充足。肥料 1 年分 3 次施用，鸡粪或豆饼均佳。冬季落叶应修剪 1 次，花芽多在短果枝上，注意不可剪掉。横山梨生长适温 18 ~ 28 ℃，温带梨 12 ~ 20 ℃。

1 梨果
2 梨花（沙犁）
3 梨嫁接成功后开花

雪白清新 - 李
Prunus salicina

蔷薇科落叶小乔木
原产地：中国

李是经济果树之一，品种极多，株高 2 ~ 3 m。叶互生或簇生，倒披针形，先端尖，细锯齿缘。因品种而异，花期冬末至翌年春季，花冠雪白，花瓣 5 枚，盛开时枝条花团锦簇，清新优雅。果实可食用，植株适于庭园美化。华南地区适宜栽于低、中海拔山区。

●繁殖：嫁接法，早春为适期，砧木采用李、梅、桃的播种实生苗。

●栽培重点：栽培土以砂质壤土或砾土为佳，排水、日照需良好。每季施肥 1 次。果实生长期落果 50% ~ 70% 是正常现象。果期后应做修剪。性喜温暖，生长适温 15 ~ 26 ℃。

1李果
2李花
3李花

清丽壮观 - **郁李**

Prunus japonica **（郁李、翠梅）**

Prunus japonica **'Sinensis'**

（重瓣郁李、重瓣庭梅）

蔷薇科落叶灌木
原产地：
郁李、庭梅：中国、日本
重瓣郁李、重瓣庭梅：栽培种

1 重瓣郁李、重瓣庭梅
2 郁李、翠梅
3 郁李、翠梅

郁李株高可达 1.5 m。叶互生，卵形或阔卵形，先端钝或尖，细锯齿缘。春季开花，花腋生，花冠白或粉红色。核果球形，果径约 1 cm，熟果暗红色，味酸，可生食或制果汁。适于庭园美化或盆栽。药用可治大肠滞气、脚气浮肿。园艺栽培种有重瓣郁李。

●繁殖：播种法，春、秋季为适期。

●栽培重点：栽培土质以腐殖质土或砂质壤土为佳。排水、日照需良好。春至夏季生长期施肥 2 ~ 3 次。花、果后应修剪整枝。性喜温暖耐高温，生长适温 15 ~ 27 ℃。

花团锦簇 - **重瓣麦李**

Prunus glandulosa 'Multiplex'

蔷薇科落叶灌木
栽培种

重瓣麦李株高可达 2 m，幼枝被毛。叶互生，椭圆状披针形或卵状披针形，先端渐尖，具细锯齿缘。冬季落叶，春季开花，花先叶开，重瓣花，花冠白或粉红色，花丝鲜红，花姿高雅；盛花期枝干无一叶片，花团锦簇，颇为清丽壮观。适作园景树、盆栽、花材。

●繁殖：分株或嫁接法，早春为适期。

●栽培重点：栽培土质以壤土或砂质壤土最佳。排水、日照需良好。花后立即修剪整枝。春至夏季生长期施用 1 次有机肥料，夏至秋季再施用氮、磷、钾肥料 1 ～ 2 次。性喜温暖，耐高温，生长适温 15 ～ 28 ℃。

重瓣麦李

春之舞 - **桃**

Prunus persica 'Duplex'（碧桃）
Prunus persica 'Camelliaeflora'（绛桃）
Prunus persica 'Dansa'（寿星桃）
Prunus persica 'Atropurpurea'（紫叶桃）
Prunus persica 'Nectarina'（水蜜桃）
Prunus persica 'Stellata'（菊桃）

蔷薇科落叶灌木或小乔木
栽培种

桃品种极多，有经济果树及观赏品种，株高 2 ～ 4 m，经盆栽矮化后仅 50 ～ 100 cm。其茎干光滑具金属光泽，并有明显皮孔，叶互生，披针形，叶缘有细锯齿。花腋出，单朵或数朵丛生，有单瓣种及重瓣种，花色以红、粉红、白色为主；花盛开时，新叶未萌发，仍处于休眠状态，只见枝条缀满娇艳的花朵，颇为壮观，花期 3 ～ 4 月，正所谓“桃花舞春风”；果实成熟可食用，唯观赏品种多为重瓣，极少结果。适于庭园美化或大型盆栽。

●繁殖：播种、扦插或嫁接法。但播种太慢又易发生变异，优良品种扦插不易成活，因此大多采用嫁接法，以 1 ～ 2 年生的毛桃为砧木，于春季做嫁接育苗。

●栽培重点：栽培土质以肥沃的砂质壤土为佳，保水力差的砂土或排水不良的黏性土均不宜栽植。栽培处日照须良好。肥料于每年春、秋季施用，腐熟鸡粪、堆肥、油粕、豆饼水或氮、磷、钾肥料均适宜，通常施用天然肥比施用化学肥的肥效好。观赏品种在冬季落叶后应酌加修剪，以维持树形美观，但要注意此时花芽已分化完成，不可重剪，仅将徒长枝剪短，若将一年生枝条剪去，次年春季则无花可赏。若需移植，冬季落叶后萌芽前为适期。盆栽至少每两年应换盆、换土 1 次。性喜温暖，耐高温，喜多肥，生长适温 15 ～ 26 ℃。

1 碧桃
2 绛桃
3 寿星桃
4 紫叶桃

5 水蜜桃
6 水蜜桃
7 菊桃

万紫千红 - **樱花类**

***Prunus campanulata*（绯寒樱、山樱花）**
***Prunus campanulata* 'Double-flowered'(重瓣绯寒樱)**
***Prunus kanzakura*（寒樱）**
***Prunus incisa* var. *tomentosa*（豆樱“薮樱”）**
***Prunus jamasakura* 'Sendaiya'（日本山樱“仙台屋”）**

蔷薇科落叶乔木
重瓣绯寒樱别名：八重樱
原产地：
绯寒樱、山樱花：中国、日本、越南
寒樱、豆樱“薮樱”：日本
重瓣绯寒樱、八重樱：栽培种
日本山樱“仙台屋”：栽培种

樱花类原产暖带至温带，品种多达数十种，尤以日本栽培品种最多。其树冠优美，枝叶翠绿，盛花期间花多叶少或全株无叶，满树繁花清丽壮观，令人赞叹。有些品种花后能结果，果实香甜，可食用。适作园景树、行道树，切花可作插花材料。

绯寒樱：别名山樱花，原产中国、日本。落叶中、小乔木，株高可达 10 m。叶互生，卵形或卵状长椭圆形，先端尾尖，重锯齿缘。冬末至春季开花，3 ~ 5 朵簇生于叶腋，具下垂性，花冠绯红色，花瓣 5 枚；盛花期万紫千红，绮丽烂漫。核果卵形，熟果暗红色。园艺栽培种有重瓣绯寒樱，重瓣花，花期较长。绯寒樱果实可制蜜饯，木材可供雕刻。

1 2

1 绯寒樱枝叶浓密翠绿，为优良的庭园绿荫树
2 绯寒樱、山樱花

寒樱：原产日本。落叶小乔木，株高可达 7 m。叶卵形至长椭圆形。春季开花，1 ~ 3 朵簇生，下垂，花冠粉红至桃红色，花瓣 5 枚，盛开时几无叶片，优美脱俗。

豆樱：别名富士樱，原产日本。落叶中乔木，株高可达 12 m。叶卵形至倒卵形，重锯齿缘。春季开花，花冠白至淡红色，花色清雅。园艺栽培种有数樱，花冠白色。

日本山樱：原产日本。落叶中、大乔木，株高可达 15 m。叶卵形至长椭圆形，细锐锯齿缘，叶背粉白。春季开花，花冠白至淡红色。园艺栽培种有仙台屋，花冠粉红色。

●繁殖：播种或嫁接法，但以嫁接为主。绯寒樱种育苗以每年冬至前后为最适期；播种成苗后经栽培 1 年，可做砧木嫁

3 绯寒樱、山樱花
4 绯寒樱果实卵形，熟果暗红色，味酸涩，可制蜜饯食用
5 重瓣绯寒樱
6 重瓣绯寒樱

接其他樱花类，早春嫁接，经栽培 4 ～ 5 年可开花。

●栽培重点：性喜冷凉至温暖、干燥、向阳之地。绯寒樱、重瓣绯寒樱生长适温 15 ～ 28 ℃，其他樱花类生长适温 10 ～ 22 ℃，日照 80% ～ 100%。高冷地生长开花良好，平地高温生长迟缓，开花较差。栽培介质以壤土或砂质壤土为佳。生长缓慢，吸肥力强，每季施肥 1 次，成树提高磷、钾肥能促进开花。自然树形美观，花后应小修剪，冬季落叶后避免重剪。冬季落叶休眠后，春季萌芽之前移植成活率最高。

7 寒樱
8 寒樱
9 豆樱“薮樱”
10 日本山樱“仙台屋”

梅
Prunus mume

紫叶梅
Prunus mume 'Atropurpurea'

蔷薇科落叶小乔木
原产地：
梅花：中国
紫叶梅：栽培种

梅是经济果树，株高 3 ~ 8 cm。叶互生，卵形先端尾尖，细锯齿缘。冬至春季开花，白色 5 瓣，花姿清丽高雅。核果球形，先端突尖，果可食用。

紫叶梅株高可达 3 m 以上。叶片暗紫红色，互生，卵形或阔卵形，先端钝或尖，具细锯齿缘。春季开花，花腋生，重瓣花，花冠粉红色，花姿花色华丽高贵。偶见结实，幼果卵形，被毛，早落。适作园景树或大型盆栽。

●繁殖：嫁接法，早春为适期。

●栽培重点：栽培土质以壤土或砂质壤土为佳。排水、日照需良好。春至夏季生长期施肥 2 ~ 3 次。花后修剪整枝，植株老化需重剪、施肥，促使枝叶再生。性喜温暖耐高温，生长适温 15 ~ 27 ℃，夏季需通风凉爽越夏。成树移植需作断根处理。

1 梅果
2 梅花
3 紫叶梅

古色古香 - **梅花**

Prunus mume 'Kagoshimabeni'
（梅花“鹿儿岛红”）
Prunus mume 'Yaekanko'
（梅花“八重寒红”）

蔷薇科落叶小乔木
梅花“鹿儿岛红”、梅花“八重寒红”：栽培种

梅花品种极多，有经济果树及观赏品种，株高可达 3 m 以上。叶互生，卵形，先端具尖尾。花腋出，有单瓣和重瓣，花色随品种不同而变化丰富，但多以红、白色为主；花期冬至早春，先花后叶，在刺骨寒风中，光秃苍劲的枝干布满清香小花，古色古香，颇受国人喜爱。核果球形，可食用。适合庭植或盆栽，性喜温暖，不耐高温，华南地区以在中海拔冷凉山区栽培为佳，平地高温，生长不良。

●繁殖：播种、扦插、高压或嫁接法，其中以嫁接法较理想。冬或早春萌发新叶前为嫁接适期，砧木选用 1 ~ 2 年生的梅或毛桃实生苗。

●栽培重点：栽培土质以排水良好、富含有机质的砂质壤土为佳，盆栽可用田土 50%、砂土 30%、腐叶 10%、腐熟鸡粪、豆饼粉 10% 调制，每年 3 月为栽植适期。栽培处日照需充足。花芽分化期约在 6 月，其前后两个月内，最好避免施肥，因此在 2 ~ 4 月、9 ~ 10 月施肥为适，肥料用腐熟堆肥、豆饼、骨粉或氮、磷、钾肥料均理想。花芽分化期应减少水分供给量，并充分接受日照，能促进花芽分化多开花。每年于花谢或落叶后，各整枝修剪 1 次，以保持树形美观。性喜温暖，忌高温多湿，生长适温 15 ~ 25 ℃。

1 2
1 梅花“鹿儿岛红”
2 梅花“八重寒红”

花中皇后 - **杂交玫瑰（蔷薇）**

Rosa × hybrida

蔷薇科常绿灌木
杂交种

1 杂交玫瑰
2 杂交玫瑰
3 杂交玫瑰

杂交玫瑰泛指蔷薇属植物中，玫瑰与蔷薇的杂交改良种，其栽培历史悠久，品种繁多，其植株高度依品种而异，有十几厘米至 2 m 或呈蔓性。枝有刺，叶互生，奇数羽状复叶，小叶长卵形，先端尖，锯齿缘。全年均能开花，但以春季最盛，单一顶生或单顶丛生，花色变化丰富，花姿美艳、高贵，并富香气，堪称“花中皇后”，广受人们喜爱。杂交玫瑰为庭园高级观花植物，亦适于盆栽或切花材料，其花语象征爱情。目前全世界有 1 万多个品种，并在不断增加，按其花型、株型可分为四大系统。

大轮花系统：株高 80 ～ 120 cm 以上，花径 9 cm 以上，主要用途为切花。

中轮多花系统：株高 60 ～ 120 cm，花径 5 ～ 9 cm，每一开花枝可开 3 ～ 8 朵，甚至数十朵；长势强，花色种类多，终年开花不断，主要用于庭园布置、花坛、花台或大型盆栽，有部分品种也被用作切花。

小轮花系统：植株矮小，约 30 ～ 60 cm，迷你种高仅为 12 ～ 30 cm；花径 3 cm 左右，每一开花枝可开三至数十朵小花，适合盆栽。

蔓性系统：枝条柔软成蔓性，主要用于攀爬花架、墙篱等庭园布置。

●繁殖：扦插、高压、嫁接法，除夏季酷热期外，全年均能育苗。扦插法仅限于小轮花品种及少部分中轮、大轮品种。春、秋季剪刚谢花的健壮枝条作插穗，再用发根

剂处理，插于河砂或珍珠岩中，经 2 ～ 3 周能发根。高压法适用于大多数品种，也是最常用的育苗法，唯红色品系在低温期不易发根，黄色品系在高温期不易发根。

●栽培重点：玫瑰性喜温暖的环境，忌高温多湿，生长适温 15 ～ 25 ℃，夏季气温高达 30 ℃以上时，生长最弱。春、秋季是栽植最佳时期，盆栽尽量使用 26 cm 以上大盆，盆土多有利根部伸展。栽培土质以疏松肥沃而富含有机质的壤土最佳，若使用砂质土壤，宜混合腐叶、泥炭苔等，以增加肥力及保水分，排水需良好。栽培处日照、通风需良好，荫蔽处开花不良或不易开花，通风不良易生病虫害。

玫瑰喜肥，秋至春季为生长旺盛期，约每月追肥 1 次，各种有机肥料或氮、磷、钾肥料均理想，尤其豆饼、干鸡粪、草木灰是上等基肥，每年至少施用 1 次，肥效极佳。幼株定植成活后，略加修剪以促使多分枝，健壮的枝条均能开花，花谢后必须连同枝条剪去 20 ～ 40 cm，才能加速萌发新枝再开花。玫瑰老枝不会开花，每年秋季将老化的主枝剪除，促使新芽长出，更新主枝成为开花枝。常见的虫害可用扑灭松、万灵、马拉松等防治；白粉病、黑点病、锈病等病害可用大生 45、万力、亿力等防治。

4 杂交玫瑰
5 杂交玫瑰
6 杂交玫瑰

7 杂交玫瑰
8 杂交玫瑰
9 杂交玫瑰
10 杂交蔓性玫瑰
11 杂交玫瑰

11 杂交玫瑰
12 杂交玫瑰
13 杂交玫瑰
14 杂交玫瑰

日日见花 - **月季**

Rosa chinensis

蔷薇科常绿灌木
别名：春仔花、月月红
原产地：中国

月季株高 1 ~ 2 m，枝有刺。叶互生，奇数羽状复叶，小叶长卵形或卵状椭圆形，先端尖，锯齿缘。四季均能开花，单顶丛生，重瓣，桃红色，具香气。本种是古代名花之一，生性强健粗放，适合庭植或大型盆栽，亦可作砧木嫁接玫瑰，华南地区普遍栽培。

●繁殖：扦插法，春、秋季为适期。

●栽培重点：土质以肥沃富含有机质的壤土最佳，排水、日照需良好。每 1 ~ 2 个月施肥 1 次。花谢后剪除残花及开花枝条，可萌发新枝再开花。秋季强剪 1 次老化的植株，性喜温暖，耐高温，生长适温 15 ~ 28 ℃。

1 月季花
2 月季花

热带娇娃 - **龙船花类(仙丹花)**

Ixora chinensis（龙船花）
Ixora× hybrida 'Jacquline'（密花龙船花）
Ixora duffii 'Super King'（大王龙船花）
Ixora coccinea（红龙船花）
Ixora coccinea 'Lutea' *(I. lutea)*（黄龙船花）
Ixora 'Super Pink'（洋红龙船花）
Ixora salicifolia（尖叶龙船花）
Ixora coccinea 'Apricot Gold'（杏黄龙船花）
Ixora coccinea 'Gillettes Yellow'（大黄龙船花）
Ixora × *westi*（宫粉龙船花）
Ixora parviflora（白龙船花）
Ixora × *williamsii* 'Sunkist'（矮龙船花）
Ixora × *williamsii* 'Dwarf Yellow'（矮黄龙船花）
Ixora × *williamsii* 'Dwarf Pink'（矮粉龙船花）
Ixora × *williamsii* 'Dwarf Orange'(矮旭龙船花）
Ixora javanica 'Yellow'（大叶黄龙船花）
Ixora 'Curly Leaf'（蝶叶龙船花）

茜草科常绿灌木或小乔木
龙船花别名：仙丹花
密花龙船花别名：密花仙丹
大王龙船花别名：大王仙丹
红龙船花别名：红仙丹
黄龙船花别名：黄仙丹
洋红龙船花别名：洋红仙丹
尖叶龙船花别名：尖叶仙丹
杏黄龙船花别名：杏黄仙丹
大黄龙船花别名：大黄仙丹
宫粉龙船花别名：宫粉仙丹
白龙船花别名：白仙丹
矮龙船花别名：矮仙丹
矮黄龙船花别名：矮黄仙丹
矮粉龙船花别名：矮粉仙丹
矮旭龙船花别名：矮旭仙丹
大叶黄龙船花别名：大叶黄仙丹
蝶叶龙船花别名：蝶叶仙丹
原产地：
龙船花：中国、马来西亚
红龙船花：大洋洲、印度、斯里兰卡
尖叶龙船花：亚洲热带
白龙船花：印度、斯里兰卡、缅甸
密花龙船花、大王龙船花、黄龙船花、洋红龙船花、杏黄龙船花、大黄龙船花、大叶黄龙船花、蝶叶龙船花：栽培种
宫粉龙船花、矮龙船花、矮黄龙船花、矮粉龙船花、矮旭龙船花：杂交种

龙船花类主产于亚洲热带和非洲，少数产于美洲。常绿灌木或小乔木。叶对生，全缘。全年均能开花，但以夏、秋季较盛，花顶生，伞形花序，花瓣 4 枚，聚生成团，花姿娇艳，花期长。耐旱耐高温，生性强健，适合庭园美化、盆栽或切花。

龙船花：常绿灌木。叶卵状披针形或长椭圆形。花冠橙红色，四季均能开花，夏、秋季盛开。性耐阴，全日照至稍荫蔽均能开花良好，适合庭植、作切花。

大王龙船花：常绿灌木。叶卵状披针形或长椭圆形，先端突尖。夏、秋季开花，花冠红色，花径可达 15 cm 以上。是龙船花类中最大的品种，适合庭植、切花。

密花龙船花：常绿灌木。株高可达 1.2 m。花、叶密集；叶对生，椭圆形，先端钝或短渐尖，全缘，叶面平滑，革质。全年开花，夏、秋季为盛期，伞房花序顶生，花冠橙黄至橙红色，裂片 4 枚，圆形至阔卵圆形。

红龙船花：常绿灌木。株高可达 1.5 m。叶对生，椭圆状卵形或椭圆形，先端钝或渐尖，全缘，革质。全年开花，夏、秋季为盛期，伞房花序顶生，花冠橙黄至橙红色，裂片 4 枚，椭圆形至披针形。

黄龙船花：常绿小灌木。叶倒长卵形，先端尖。春末至秋季开花，花冠黄色。

洋红龙船花：常绿灌木。叶长椭圆形，先端突尖。夏、秋季开花，花冠洋红色，花瓣宽大，花姿娇美悦目。适于庭植、盆栽、切花。

尖叶龙船花：常绿灌木。叶披针形，叶脉凹入。夏、秋季开花，花冠鲜红色，点缀黄橙色，花姿瑰丽优美。适合庭植或大型盆栽。

杏黄龙船花：常绿小灌木。叶长椭圆形。夏、秋季开花，花冠黄橙色。适合庭植、盆栽。

大黄龙船花：常绿小灌木。叶广椭圆形。夏、秋季开花，花冠黄色。适合庭植、盆栽、切花。

1 2

1 龙船花
2 密花龙船花

宫粉龙船花：常绿小灌木。叶椭圆形，先端钝或短突尖。夏、秋季开花，花冠淡洋红至桃红色，甚柔美。适合作庭园美化、低篱或盆栽。

白龙船花：常绿小乔木。叶倒披针形或长椭圆形，先端钝或突尖。春、夏、秋季均能开花，花冠白色，花姿素雅。适于作庭园美化、绿篱。

矮龙船花：常绿小灌木。叶长椭圆形或阔披针形，叶小，生长紧密。夏、秋季开花，花冠红色，盛花期花团锦簇，美艳壮观。适于作庭园或花坛美化、低篱、盆栽。

矮黄龙船花、矮白龙船花、矮粉龙船花、矮旭龙船花：常绿小灌木，株形矮小。叶有椭圆形、阔披针形、倒长卵形。夏、秋季开花，花色花姿各具特色。适于庭园或花坛美化、低篱或盆栽。

大叶黄龙船花：常绿灌木，株高可达 2 m。叶长椭圆形至阔披针形，长 15 ~ 20 cm，全缘。夏至秋季开花，伞房花序顶生，花冠鲑黄色，裂片 4 枚，长椭圆形。

3 大王龙船花
4 红龙船花
5 黄龙船花
6 洋红龙船花

蝶叶龙船花：常绿灌木。叶曲皱，蝴蝶结状，极雅致。夏、秋季开花，花冠红色。适合作庭植或盆栽，枝叶为高级插花素材。

●繁殖：可用扦插或高压法，春至夏季为适期。插穗剪健壮而未着花的成熟顶芽或中熟枝条，每段 10 ~ 15 cm，扦插于河砂中，保持湿度，接受日照 50% ~ 60%，经 30 ~ 40 天能发根，待根群生长旺盛后再移植苗床或花盆。高压法限用于枝条较硕大的品种，如龙船花、大王龙船花、白龙船花等品种，利于操作，环状剥皮后，春至夏季行高压法 30 ~ 50 天能发根。

7 尖叶龙船花
8 杏黄龙船花
9 大黄龙船花
10 宫粉龙船花

●栽培重点：龙船花类性耐旱，喜高温，冬季应避免移植，生长适温 23 ~ 32 ℃，栽培地点宜择冬季温暖避风处。栽培土质以富含有机质的砂质壤土或腐殖质壤土为佳，排水、日照需良好。

春、夏、秋季为生长开花期，每 30 ~ 40 天施肥 1 次，各种有机肥料或氮、磷、

11 白龙船花
12 矮龙船花
13 矮龙船花
14 矮黄龙船花

15 矮黄龙船花果实球形，熟果暗红色
16 矮粉龙船花
17 矮旭龙船花
18 大叶黄龙船花
19 蝶叶龙船花

钾肥料均理想。枝条稀疏可加以剪枝或摘心，促使多分枝；每年早春应修剪整枝 1 次，植株老化可施以强剪，使春暖后枝叶生长更旺盛。如冬季低温有落叶现象，应尽量温暖避风，避免长期潮湿或土壤排水不良而影响生长和开花。

摇曳生姿 - **醉娇花**

Hamelia patens

茜草科常绿灌木

别名：希茉莉、希美莉、四叶红花

原产地：北美、南美

醉娇花株高 50 ~ 100 cm。叶 3 ~ 4 枚轮生，倒长卵形，全缘微波浪。聚伞花序顶生，小花长筒状，橙红色，花期春末至夏季，花期持久，轻盈有姿。适合庭植或盆栽。

●繁殖：扦插法，春、秋季为适期。

●栽培重点：栽培土质以肥沃的砂质壤土最佳。日照宜充足，荫蔽则植株易徒长、开花不良。每月少量施肥 1 次。早春应强剪 1 次，尽量剪除上部枝条，并施肥，能促使生长更旺盛。冬季应避免土壤过分潮湿，并温暖避风越冬。性喜温暖，耐高温，生长适温 18 ~ 28 ℃。

醉娇花

美焰花

Carphalea kirondron

茜草科常绿小灌木
原产地：非洲马达加斯加

美焰花株高可达 1 m。叶对生，披针形或长椭圆形，先端渐尖，全缘，纸质，中肋灰白色。春至秋季均能开花，花期长；聚伞花序顶生，红色苞片 4 裂，小花长管状，先端 4 裂，白色；多数红色苞片聚生成团，红艳妩媚，花谢花开，花期持久。适合庭园美化、盆栽。

●繁殖：扦插法，春季为适期。

●栽培重点：栽培介质以腐殖质土或砂质壤土为佳。春至秋季每 1 ～ 2 个月施肥 1 次。花后或早春应修剪整枝，植株老化施以重剪或强剪。性喜高温、湿润、向阳之地，生长适温 23 ～ 32 ℃，日照 70% ～ 100%。耐热不耐寒，冬季需防寒害，应温暖避风越冬。

美焰花

满天星 - **六月雪类**

Serissa japonica（六月雪）
Serissa japonica 'Variegata'（金边六月雪）
Serissa japonica 'Rubescens'（红花六月雪）
Serissa japonica 'Snow Leaves'（镶边六月雪）

茜草科常绿小灌木
六月雪别名：喷雪
红花六月雪别名：冬月紫、红花喷雪
原产地：
六月雪：中国、越南、柬埔寨
金边六月雪、红花六月雪：栽培种

1 六月雪
2 红花六月雪

六月雪：株高 50 ~ 100 cm。叶细小，对生，椭圆形，全缘。夏季开花，花腋出，白色漏斗状，花瓣 5 ~ 6 枚，花小而多，盛开时白花点点，遍布全株，如同雪花披被，故名六月雪。其枝条纤细，分枝浓密，极适合整枝剪型成圆形、伞形、锥形或各种动物造形，适合庭植、低篱或盆栽，也可将盘错之根露出，栽成小品盆景；其变种有红花六月雪及金边六月雪、镶边六月雪等。

红花六月雪：花粉紫色，犹如用水墨画法，在白色的花瓣上，各挥上三纵笔粉紫彩墨，深浅有韵，让原本纯白雅致的六月雪，有如上妆般更显柔美。

金边六月雪：叶缘及中肋、叶脉处具乳黄色斑纹，适合作庭园缘栽观叶或作小品盆景。

●繁殖：扦插法育苗，春、秋季均为适期。春季剪上一年生强健枝条，秋季剪当年生枝条，每 6 ~ 10 cm 为 1 段，去除插穗下半部的叶后扦插。

●栽培重点：栽培土质不拘，只要排水良好的普通壤土即能生长良好，盆栽则以肥沃的砂质壤土为佳。栽培处日照充足，则生长较好，金边六月雪则半日照处为理想。肥料以有机肥或氮、磷、钾肥料，每年分 4 次施用。幼苗栽植成活后可行剪枝，促使多生侧枝，生长季中枝叶繁茂，随时可整形、修剪、维护各种造形。性喜高温多湿，生长适温 22 ~ 30 ℃。

3 4

3 金边六月雪
4 镶边六月雪

夏日佳丽 - **萼花类**

Mussaenda erythrophylla
（红叶金花）
Mussaenda hybrida 'Duna Luz'
（粉叶金花）
Mussaenda philippica 'Aurorae'
（白纸扇）

茜草科半落叶灌木
红叶金花别名：血萼花、红叶金花
粉叶金花别名：粉萼花
白纸扇别名：雪萼花
原产地：
红叶金花：西非
粉叶金花、白纸扇：栽培种

萼花类株高 1 ~ 2 m。叶对生，长椭圆形或阔卵形。聚伞花序，花顶生，小花金黄色，高杯合生呈星形，花虽美但太小且易早落，而萼片则维持较长久，且萼片肥大如叶，依品种不同有艳红色、粉色及白色等变化，所以我们观赏的部分实际上是它的萼片。花期甚长，夏至秋季盛开，花姿璀璨。适合作庭园栽植或大型盆栽，将不同颜色的花株混植，则更加缤纷美观。

红叶金花：叶阔卵形。中肋及侧脉密被红茸毛。5 萼片中仅 1 片特别肥大，呈血红色。

粉叶金花：叶长椭圆形，5 萼片均肥阔，微后卷，粉色，盛花期满树粉团，十分醒目。

白纸扇：叶长卵形，革质。5 萼片均肥大，乳白色，但萼片较狭长，不如前二者肥阔。

●繁殖：扦插法，冬季落叶后，早春新芽萌发前，剪组织充实的上一年生枝条扦插。

●栽培重点：生性强健，排水良好的普通壤土或砂质壤土均能正常生长。日照需充足，荫蔽处则生长开花不良。肥料用有机肥或氮、磷、钾肥料，每 2 ~ 3 个月施用 1 次。冬季呈半落叶状态，可趁此整枝修剪，枝条过分伸长，应加以重剪或强剪。盆栽必须使用 33 cm 以上大盆，盆土以肥沃疏松的壤土为佳，夏季干旱时需注意灌水，勿使凋萎而影响生长。性喜高温，耐旱，生长适温 23 ~ 32 ℃，冬季需温暖避风越冬，忌长期潮湿或排水不良。

1 粉叶金花丛植，夏、秋季开花美艳壮观
2 红叶金花
3 粉叶金花
4 白纸扇

花期持久 - **黄萼花**

Mussaenda flava
(Pseudomussaenda fava)

茜草科半常绿软枝灌木
别名：假玉叶金花
原产地：非洲热带

黄萼花株高可达 1.5 m，枝条伸长弯垂。叶对生，长卵形或卵状披针形，先端渐尖，全缘。夏季开花，聚伞花序，花顶生，花冠阔星形，双层裂片，黄至淡黄色；叶状萼片卵形，白色，先端短突尖，全缘。形态优雅，花期持久，适于庭园美化或盆栽。

●繁殖：扦插法，春至夏季为适期。

●栽培重点：栽培土质以壤土或砂质壤土为佳。排水、日照需良好。春至夏季生长期施肥 2 ～ 3 次。土壤应常保持湿润。花期过后修剪整枝。性喜高温多湿，生长适温 20 ～ 30 ℃，冬季需温暖避风越冬。

黄萼花

素雅清香 - **黄栀子类**

Gardenia jasminoides var. *grandiflora*（大花黄栀子）
Gardenia jasminoides（黄栀子）
Gardenia jasminoides cv. 'Variegata'（斑叶黄栀子）
Gardenia jasminoides var. *Flore-pleno*（重瓣黄栀子）
Gardenia jasminoides 'Graniflora Plenissma'（大花重瓣黄栀子）
Gardenia jasminoides 'Radicans'（水栀子）
Gardenia lucida（越南黄栀子）

茜草科常绿灌木或小乔木
黄栀子别名：山黄栀子、水横枝
原产地：
大花黄栀子、黄栀子：中国、日本
重瓣黄栀子：日本
斑叶黄栀子、大花重瓣黄栀子、水栀子：栽培种

黄栀子：常绿灌木，株高 1 ～ 2 m。叶对生，长椭圆形。花顶生，花瓣 6 枚，花径 5 ～ 6 cm，裂片微后卷，初开白色，后渐变黄色，具芳香，花期春末至夏季。花后结长卵形果，具 6 棱及 6 刀状宿存萼，熟果变黄再转橘红色，可作染料或入药。适合庭园栽植或大型盆栽。

大花黄栀子：常绿灌木。叶卵状椭圆形。花径可达 7 ～ 8 cm，单瓣，白色，春季盛开。

斑叶黄栀子：常绿小乔木。叶曲皱，倒披针形或长椭圆形，具乳白斑纹，花白色，重瓣。

重瓣黄栀子：常绿小灌木。叶倒长卵形。花冠白色，重瓣似玫瑰，芳香，初夏盛开。

●繁殖：扦插法，春季选上一年生

强健肥壮的枝条，每 15 ～ 20 cm 为 1 段，扦插后经 30 ～ 40 天能发根。

●栽培重点：栽培土质以富含有机质的肥沃壤土生长最佳。全日照、半日照均理想，但日照充足生长开花较旺盛。幼株定植前宜预埋有机质基肥，成活后每季施用 1 次有机肥或氮、磷、钾追肥。花期过后修剪 1 次，可维持树型美观，并有利于下次开花；若植株老化，早春应施以重剪或强剪。盆栽宜用 33 cm 以上大盆，斑叶黄栀子则用小盆栽，纵然不开花，仍可观叶；每年换盆换土 1 次，春初为适期。性喜温暖至高温，生长适温 18 ～ 28 ℃。

1 2
3 4

1 大花黄栀子
2 黄栀子
3 黄栀子果实长椭圆形，5 ～ 6 棱，熟果可供药用、制黄色染料
4 斑叶黄栀子

5 6
7 8

5 越南黄栀子，叶椭圆形，花冠半重瓣
6 重瓣黄栀子
7 大花重瓣黄栀子
8 水栀子

花香叶雅 - **镶边水栀**

Gardenia jasminioides 'Radicans Variegata'

茜草科常绿小灌木
别名：花叶水栀子
栽培种

镶边水栀株高 10 ～ 20 cm。叶长椭圆形，波状缘或不规则歪斜，镶有白色或乳白色斑纹。夏季能开花，白色具香味。适合庭园缘栽或盆栽。

●繁殖：扦插法，春季为适期。

●栽培重点：栽培土质以肥沃的壤土或砂质壤土最佳，排水需良好。全日照、半日照均理想。施肥用有机肥料或氮、磷、钾肥料，每月施用 1 次。生长缓慢，不可过度修剪。性喜高温，生长适温 22 ～ 28 ℃。

镶边水栀

金黄亮丽 - **长花黄栀子**

Gardenia gjellerupii

茜草科常绿灌木或小乔木
原产地：新几内亚

长花黄栀子株高可达 8 m。叶对生，斜歪椭圆形或倒卵形，长 15 ～ 25 cm，全缘。春季开花，花腋生，金黄色，花萼 4 棱，冠筒长，花瓣 7 枚，具香气。树形优美，为高级的园景树、行道树。

●繁殖：播种、扦插或高压法，春至夏季为适期。

●栽培重点：栽培土质以壤土或砂质壤土为佳，排水、日照需良好。春至夏季为生长盛期，每 1 ～ 2 个月施肥 1 次。每年春季应修剪整枝。性喜高温，生长适温 22 ～ 32 ℃，冬季 10 ℃以下需预防寒害落叶。

长花黄栀子

四季翠绿 - **香雪树**

Gardenia taitensis

茜草科常绿灌木或小乔木
原产地：大溪地

香雪树株高可达 2.5 m，全株光滑。叶对生，椭圆形或倒卵形，先端微突，长 15 ~ 25 cm，全缘，深绿色富光泽。夏季开花，花腋生，小花长筒状，花瓣 5 ~ 7 枚，白色，平展或反卷，蜡质，具浓郁清香味。适作园景树或大型盆栽。

●繁殖：播种、扦插法，春季为适期。

●栽培重点：栽培土质以壤土或砂质壤土为佳。排水、日照需良好。春、夏季生长期施肥 2 ~ 3 次。四季翠绿，少有落叶，修剪主干下部侧枝能促进长高。性喜高温多湿，生长适温 20 ~ 30 ℃。成树移植需作断根处理。

1 香雪树果实像番石榴
2 香雪树
3 香雪树开花

花果俱美 - **咖啡树**

Coffea arabica

茜草科常绿灌木
原产地：埃塞俄比亚

1 咖啡树
2 咖啡树
3 咖啡树

咖啡树株高 3 ~ 5 m。叶对生，卵状椭圆形。冬至春季开花，花腋出，白色，花瓣 5 枚，具浓郁香气。花后结实累累，果实由绿转黄至艳红色。斑叶品种叶片满布黄色斑点。适合作庭园美化，果实制咖啡，果枝作花材。

●繁殖：播种或扦插法，春、秋季为适。

●栽培重点：栽培土质以深厚的壤土为佳，忌石灰质含量过高。全日照、半日照均能正常生长；斑叶品种日照需充足。主干若过分伸长，则需剪去顶端，促使分生侧枝而能多开花结果。幼株多施氮肥，四年生以上多施磷、钾肥。性喜温暖，生长适温 16 ~ 25 ℃。

郎德木
Rondeletia odorata

美王冠
Rondeletia leucophylla

茜草科常绿灌木
原产地：
郎德木：中美洲
美王冠：美洲热带

郎德木：株高可达 80 cm，全株被毛。叶对生，无柄，椭圆形，全缘，纸质。春末至夏季开花，聚伞花序顶生，花冠漏斗形，先端 6 裂，裂片橙红色，近基部呈圆环状，金黄色，具香气，花姿耀眼悦目。适合作庭园美化、盆栽。

美王冠：株高可达 1.2 m，幼枝被毛。叶对生，披针形，全缘，纸质，叶背密被白色茸毛。冬至春季开花，聚伞花序顶生，小花漏斗状，先端 4 裂，桃红至红色，小花聚生成团，妍红美艳，花期持久。适合作庭园美化、大型盆栽。

●繁殖：扦插法，春季为适期。

●栽培重点：栽培介质以腐殖质土或砂质壤土为佳。春至夏季每 1 ~ 2 月施肥 1 次。花后或早春应修剪整枝，植株老化施以强剪。性喜高温、湿润、向阳之地，生长适温 23 ~ 32 ℃，日照 70% ~ 100%，冬季需温暖避风越冬。

1 郎德木
2 美王冠

吉祥之果 - **柑桔类**

Citrus microcarpa（四季桔）
Citrus sinensis 'Variegata'（锦柑）
Citrus limon（柠檬）
Citrus medica var. *sarcodactylis*（佛手柑）
Citrus aurantium 'Kotokan'（虎头柑）
Citrus japonica（圆金柑）
Citrus japonica 'Variegata'（斑叶圆金柑）
Citrus margarita（长果金柑）
Citrus hindsii（金豆）

芸香科常绿灌木或小乔木
四季桔别名：四季橘
佛手柑别名：佛手香橼
圆金柑别名：金桔
长果金柑别名：金枣、金桔
原产地：
四季橘：中国、菲律宾
锦柑、虎头柑、斑叶圆金柑：栽培种
柠檬：印度、马来半岛
佛手柑：印度
圆金柑、长果金柑、金豆：中国

柑桔类原产亚洲东南部，品种多达数十种，有经济果树和观赏品种。植株有常绿灌木或小乔木，枝具锐刺或无刺，幼枝有角棱。叶互生，革质，具光泽及强烈芳香味。花单生、簇生或总状花序，花冠5裂，白色，具香气。果实由绿转红熟，可食用，味酸或酸甜；观果品种果实玲珑可爱，盆栽结实累累，为观果美品，象征吉祥，春节期间广受欢迎。

1 四季桔

四季桔：常绿灌木，株高1 ~ 2 m，具短刺。叶椭圆形。花顶生，四季均能见花，但以春至夏季盛开。果实扁圆形，果枝呈悬垂状，象征四季吉祥，适合盆栽、庭植美化。

锦柑：常绿灌木，株高50 ~ 100 cm。叶长卵形或卵状椭圆形，叶面有乳黄斑纹。春季开花，花冠白色，具芳香。果实扁圆形，橙黄色带绿色斑纹。盆栽或观叶赏果均适宜。

柠檬：常绿大灌木或小乔木，株高2 ~ 3 m，枝具硬棘针。叶长椭圆形或长倒卵形；全年均能开花，花腋出，单生或簇生，花苞粉红色，盛开白色。果实长椭圆形，味极酸，香气浓郁，含大量维生素C，可制果汁，常被女性视为美容圣品。适合作庭植或大型盆栽。

佛手柑：常绿灌木或小乔木，株高2 ~ 4 m。叶椭圆形，叶缘略具钝齿，叶腋有刺。冬至春季开花，花苞淡紫色，盛开时呈淡黄绿色。果实裂开呈手掌状，富浓烈香气，果肉及种子已退化。印度、越南等佛教信徒常用来供佛，并可入药、作香料，适合作庭植观果。

虎头柑：常绿灌木。叶长卵形。春季开花。果实硕大，扁圆形，果径可达 10 cm 以上，果皮油胞粗糙。春节期间常用供佛或案头摆饰，适合作庭植美化或大型盆栽。

圆金柑：常绿或半落叶灌木，株高 40 ～ 80 cm。叶长卵形或长椭圆形。夏季开花，果实小，果径 2 ～ 3 cm，果枝常呈直立状。适于庭植或盆栽。斑叶圆金柑为本种的栽培变种。

金桔：常绿灌木或小乔禾，株高 40 ～ 120 cm。叶披针形或长椭圆形，叶腋具短刺。夏季开花。果实长椭圆形，果形小，径 2 ～ 2.5 cm，可制蜜饯。适合作庭植或盆栽。

2 3
4 5

2 锦柑
3 柠檬
4 佛手柑
5 虎头柑

金豆：常绿小灌木，株高 20 ~ 40 cm。叶腋具长刺，叶披针形或长椭圆形。春至夏季开花，果实极小，径约 1 cm。为柑桔类中最小的品种，金黄如豆，迷你可爱，适合作盆栽。

●繁殖：嫁接法，早春为嫁接适期，砧木可用酸桔、广东木黎檬、枳壳等实生苗。

●栽培重点：栽培土质以富含有机质的砂质壤土最佳，排水、日照需良好。生长期间约每季施肥 1 次，有机肥料如鸡粪、豆饼、堆肥等在冬至春季施用，氮、磷、钾肥料在春末、夏、秋季各施用 1 次，夏季肥按比例提高磷、钾肥，能促进果实长大。开花结果后，果实缓慢长大，果期长，培养土需保持湿润，不可任其干旱；若结果太多，应进行疏果，避免过度消耗养分。果期过后应整枝 1 次，并剪除弱枝、徒长枝。性喜高温，生长适温 22 ~ 29 ℃。

6 圆金柑
7 斑叶圆金柑
8 长果金柑
9 金豆

小叶九里香

Murraya paniculata 'Microphylla'

芸香科常绿灌木
别名：小叶月橘
栽培种

小叶九里香是九里香的栽培变种，株高可达 2 m，幼枝密被柔毛。羽状复叶，小叶椭圆形或倒卵形，先端钝圆或微凹，长 1 ~ 1.5 cm，全缘。夏秋开花，聚伞花序，花顶生，花冠白色，具香气。果实近球形。枝叶密集，四季青翠，适于庭植美化、造型、作绿篱或盆栽。

●繁殖：播种法，春、秋季为适期。

●栽培重点：栽培土质以壤土或砂质壤土为佳。排水、日照需良好。春至夏季生长期施肥 2 ~ 3 次。土壤保持湿润。春季是造型树修剪整枝适期，作绿篱栽培应随时作修剪。性喜高温多湿，生长适温 20 ~ 30 ℃。

小叶九里香

九里香

Murraya paniculata（九里香）
Murraya paniculata var. *omphalocarpa*（长果九里香）

芸香科常绿灌木或小乔木
九里香别名：月橘
长果九里香别名：长果月橘
原产地：
九里香：中国及亚洲热带
长果九里香：中国台湾

九里香原生于我国南方低海拔山麓，株高 1 ~ 4 m，枝叶繁密，耐修剪，是华南地区常见的绿篱材料。奇数羽状复叶，小叶互生，倒卵形或卵状椭圆形。短伞房花序，白色，花瓣 5 枚，具芸香科特有的浓郁香气，花期夏、秋季。花后结果，果实卵形或卵状长椭圆形，初为绿色，熟后转红色。适合作庭植、绿篱或大型盆栽，老株可培养成古树盆景。

长果九里香是常绿大灌木，叶倒卵形或椭圆形，果实长卵形，先端尖；本种原生于我国台湾兰屿、绿岛，其他地方零星分布。

●繁殖：播种法，春、秋季为适期。采成熟果实，放入水桶内以木棒捣揉，使果肉分离，再用清水冲掉皮渣，剩下的种子取出，稍阴干，即可播种。

●栽培重点：栽培土质以富含有机质的肥沃砂质壤土最佳，排水需良好。栽培处日照充足则枝叶繁茂，荫蔽处易徒长。定植前土中宜预埋堆肥、腐熟鸡粪等有机肥做基肥，植株才能成长快速而强健。做绿篱栽植时，株距 20 ~ 30 cm，定植后立即剪枝，不但可减少水分蒸发，提高成活率，而且可以促进侧枝萌发。成长期间每季施用 1 次天然有机肥或氮、磷、钾肥料。春季为绿篱整枝、造型剪定适期，若枝叶生长快速，全年均可进行修剪。性喜高温多湿，生长适温 22 ~ 30 ℃。

1 九里香
2 九里香果实卵形或卵状椭圆形，红熟可爱
3 长果九里香

深红茵芋

Skimmia japonica 'Rubella'

金红茵芋

Skimmia reevesiana

芸香科常绿灌木
原产地：
深红茵芋：中国、菲律宾
金红茵芋：栽培种

深红茵芋株高可达 1.2 m。叶互生，长椭圆形或倒披针形，全缘，革质。春季开花，圆锥花序顶生，小花白色。肉质核果球形至卵形，熟果红色，红艳可爱。园艺栽培种有金红茵芋，花苞和核果赭红色。适于作庭园美化、盆栽或花材。华南地区以高冷地栽培为佳。

●繁殖：播种或扦插法，春季为适期。

●栽培重点：栽培介质以腐殖质土或砂质壤土为佳。秋末至翌年春季每 1 ~ 2 个月施肥 1 次。花、果后修剪整枝。性喜冷凉、湿润、荫蔽之地，生长适温 15 ~ 22 ℃，日照 50% ~ 70%。

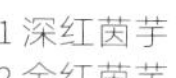

1 深红茵芋
2 金红茵芋

古巴拉贝木
Ravenia spectabilis

金斑拉贝木
Ravenia spectabilis 'Variegata'

芸香科常绿灌木
原产地：
古巴拉贝木：古巴
金斑拉贝木：栽培种

古巴拉贝木株高 30 ～ 70 cm。叶对生，三出复叶，小叶长椭圆形，左右两枚略歪斜，硬革质，浓绿富光泽，全缘，主脉凹入。夏至秋季开花，筒状花冠桃红色至红紫色，裂片 5 枚，中心淡黄色，花姿娇美悦目。适合作庭植美化或大型盆栽。园艺栽培种有金斑拉贝木。

●繁殖：扦插或高压法，但以扦插为主，春季为适期。

●栽培重点：栽培土质以肥沃的壤土或砂质壤土为佳，排水、日照需良好。生长期每 1 ～ 2 个月施肥 1 次，早春应修剪整枝 1 次。性喜高温，生长适温 22 ～ 28 ℃。

1 古巴拉贝木
2 金斑拉贝木

观花赏果 - **香吉果**

Triphasia trifolia

芸香科常绿灌木
别名：辣蜜柑
原产地：马来西亚

香吉果株高 1 ~ 2 m。叶互生，三出复叶，小叶卵形或椭圆形，先端微凹，波状缘，硬革质，叶腋有锐刺 2 枚。春季开花，花冠白色，花瓣 3 枚，清雅芳香。果实椭圆形，未熟果含油汁，熟果暗红色，为观果珍品。生性强健，适用于庭植、修剪整型、绿篱或盆栽。

●繁殖：播种法，春至夏季为适期。

●栽培重点：土质以肥沃的砂质壤土为佳，排水、日照需良好。春至秋季每季追肥 1 次。已整型或绿篱栽培随时需要做整枝修剪。性喜高温，生长适温 23 ~ 32 ℃。

香吉果

花姿清妍 - **香波龙**

Boronia heterophylla

芸香科常绿小灌木
别名：异叶宝容木
原产地：大洋洲

香波龙株高 30 ~ 50 cm。叶对生，羽状复叶，小叶狭线形。春至夏季开花，花腋出，几乎所有叶腋均能开花，花冠浓桃红色至紫红色，含苞状下垂，花姿美艳，很受人们喜爱。适合庭植或盆栽。性喜冷凉，华南地区以高冷地栽培为佳，平地高温不易越夏。

●繁殖：扦插或高压法，春、秋季为适期。

●栽培重点：栽培土质以腐殖质壤土为佳，排水、日照需良好。每 1 ~ 2 个月施肥 1 次，花期过后应修剪整枝。性喜冷凉，生长适温 10 ~ 20 ℃，夏季应避免高温酷热，尤其梅雨季节忌长期淋雨或排水不良。

香波龙

大叶溲疏
Deutzia pulchra

心基叶溲疏
Deutzia cordatula

虎耳草科半落叶灌木或小乔木
原产地：
大叶溲疏：中国、菲律宾
心基叶溲疏：中国

大叶溲疏原生于我国台湾中低海拔山区、兰屿、绿岛等地。叶对生，卵状披针形至长椭圆形，先端尖，浅锯齿缘。春至初夏开花，圆锥花序顶生，花冠白色，花瓣5枚，花姿洁白素雅。适合作庭植或大型盆栽。华南地区高冷地栽培为佳。

心基叶溲疏是我国台湾特有植物，原生于中低海拔山区。株高可达2.5 m，全株被毛。叶对生，卵形或卵状长椭圆形，先端渐尖，基圆或浅心形，全缘或细锯齿缘，纸质。春至初夏开花，圆锥花序顶生，小花白色。蒴果半球形，熟果深褐色。适于作庭园美化或盆栽。华南地区高冷地生长良好，平地生长迟缓。

●繁殖：插种、扦插或高压法，春季为适期。

●栽培重点：栽培介质以砂质壤土或砂砾土为佳，排水、日照需良好。生长期施肥3 ~ 4次。冬季落叶后修剪整枝。性喜温暖、湿润、向阳之地，生长适温15 ~ 28 ℃，日照70% ~ 100%。

1 大叶溲疏
2 心基叶溲疏

番茉莉
Brunfelsia hopeana

夜香茉莉
Brunfelsia americana

美人襟科常绿灌木
番茉莉别名：鸳鸯茉莉、紫夜香花
夜香茉莉别名：美洲番茉莉
原产地：
番茉莉：巴西
夜香茉莉：西印度群岛

1 番茉莉
2 夜香茉莉

番茉莉：株高 1 ~ 2 m。叶互生，倒长卵形，叶端尖，全缘。花腋生，花冠漏斗形，5 裂，花色初开时为蓝紫色，渐渐褪为白色，枝上新旧花交错，犹如同株上开出 2 种颜色的花，极为特殊美观。夜间能散发似茉莉花的香味，令人颇为喜爱，花期春季。适合作庭园栽植、绿篱或大型盆栽。

夜香茉莉：株高 1 ~ 1.5 m。叶互生，长椭圆形或披针形，全缘，厚纸质。花着生于枝条先端的叶腋处，淡黄色，花冠漏斗形，具细长的冠筒，夜间能散发优雅的芳香，花期春至夏季。适合作庭园美化或大型盆栽。

●繁殖：扦插或高压法，3 ~ 5 月为扦插适期，剪上一年生健壮枝条，每段 12 ~ 18 cm 扦插；高压育苗春至秋季均可进行。

●栽培重点：栽培土质选择不严，但以肥沃的砂质壤土生长最佳。栽培处全日照、半日照均能正常生长。苗株定植前宜先预施基肥，春至秋季生长期间每 2 ~ 3 个月追肥 1 次，冬季呈半落叶状态，不宜施肥并避免土壤过分潮湿。每年花期过后应修剪 1 次，到了秋季若长出徒长枝，也必须再修剪；老化的植株可施行强剪或重剪。性喜温暖至高温，生长适温 20 ~ 30 ℃，冬季需温暖避风越冬。

果苞美艳 - **台湾栾树**

Koelreuteria formosana
(*Koelreuteria henryi*)

无患子科落叶乔木
原产地：中国台湾

台湾栾树是我国台湾省特有植物，分布于中、北部低海拔阔叶树林中。树高可达 10 m，二回羽状复叶，小叶卵形或长卵形，先端尖，纸质。秋季开花，圆锥花序，花顶生，花冠黄色。蒴果 3 瓣片合成，呈膨大气囊状，粉红色至赤褐色，颇为美艳。生性强健，耐旱、抗风，成长迅速，适作行道树、园景树。

●繁殖：播种、扦插法，春季为适期。

●栽培重点：栽培土质以砂质壤土为佳，排水、日照需良好。幼树春、夏、秋季各施肥 1 次。冬季落叶后应修剪整枝。性喜温暖至高温，生长适温 18 ～ 30 ℃。

1 台湾栾树蒴果膨大气囊状
2 台湾栾树
3 台湾栾树

山榄科 SAPOTACEAE

改变味觉 - **神秘果**

Synsepalum dulcificum

山榄科常绿小乔木
原产地：非洲热带

神秘果株高可达 6 m。叶丛生枝顶，倒披针形，全缘，革质。春至夏季开花，花腋生，花冠乳白或乳黄色。果实椭圆形，熟果鲜红色，可食用；果实具有转换味觉功能，先咀嚼神秘果，再咬嚼酸性水果，如柠檬、酸梅、李子等，酸味即变成甜味，且甘之如饴，令人啧啧称奇。适作庭植或大型盆栽。

●繁殖：播种或高压法，春季为适期。

●栽培重点：栽培土质以砂质壤土最佳，排水、日照需良好。生长缓慢，每 1 ~ 2 个月施肥 1 次，增加磷、钾肥则能促进结果。性喜高温，生长适温 22 ~ 32 ℃，冬季需温暖越冬。

神秘果

玄参科 SCROPHULARIACEAE

白叶植物 - **红花玉芙蓉**

Leucophyllum frutescens

玄参科常绿小灌木
原产地：北美

红花玉芙蓉株高 40 ~ 80 cm。叶互生，椭圆形或倒卵形，长 2 ~ 4 cm，密被银白色茸毛，质厚，全缘，微卷曲。夏至秋季开花，花腋生，花冠铃形，5 裂，紫红色，极美艳。叶色独特，花期长，耐旱耐热。为庭园美化、整形、低篱或盆栽的优雅矮灌木。

●繁殖：扦插、高压法，春季为适期。

●栽培重点：栽培土质以疏松肥沃的砂质壤土为最佳，排水、日照需良好。花期长，喜多肥，每 1 ~ 2 个月追肥 1 次，每年春季做整枝修剪。性喜高温，生长适温 22 ~ 32 ℃。

红花玉芙蓉

树番茄
Cyphomandra betacea

茄科常绿亚灌木
原产地：安地斯山脉

树番茄株高可达 3 m，幼枝有毛。叶互生，卵状心形，先端尖，全缘或浅裂，纸质，叶背有柔毛，新叶褐红色。春至夏季开花，聚伞花序，花冠粉红色，5 裂。浆果卵圆形，熟果橙黄至暗红色，果表有紫黑色斑纹。适作庭园美化、大型盆栽。果实似番茄，味淡微酸，可生食、炒食、煮食、制果汁或果酱。

●繁殖：播种法，春、秋季为适期。

●栽培重点：栽培介质以砂质壤土为佳，排水力求良好。春、夏季每 1 ~ 2 个月施肥 1 次。果后修剪整枝，植株老化应施以重剪或强剪，促使萌发新枝叶。性喜温暖、湿润、向阳之地，生长适温 15 ~ 25 ℃，日照 70% ~ 100%。

树番茄

耀眼醒目 - 黄花曼陀罗
Brugmansia × *candida* 'Grand Marnier'

茄科常绿或半落叶灌木
别名：金喇叭
杂交种

黄花曼陀罗株高可达 2.5 m，幼枝有毛。叶互生，卵状长椭圆形，先端渐尖，全缘或齿状浅裂。春季开花，花腋生，花萼长筒形，花冠喇叭状，金黄色；六角形合瓣花，花瓣先端呈尾状，花朵硕大下垂，花姿耀眼醒目。适作庭园美化或大型盆栽。全株有毒，不可误食。

●繁殖：播种、扦插法，春至秋季为适期。

●栽培重点：生性强健，栽培土质以壤土或砂质壤土为佳。排水需良好。日照 60% ~ 100%。春、夏季生长期施肥 2 ~ 3 次。花期过后应修剪整枝，植株老化需重剪或强剪。性喜高温多湿，生长适温 20 ~ 30 ℃。

黄花曼陀罗

大花曼陀罗
Datura suaveolens

红花曼陀罗
Datura × candida

茄科常绿或半落叶灌木
红花曼陀罗别名：天使喇叭
原产地：
大花曼陀罗：巴西
红花曼陀罗：杂交种

大花曼陀罗：株高 2 ~ 4 m。叶互生，卵状长椭圆形，全缘，叶面粗糙，有毛。春季开花，花腋生，硕大而下垂，花冠喇叭状，白色，有如优雅的白纱褶裙礼服，并具淡淡芳香，适合在庭园露地栽培。全株有毒，不可误食，其汁液含生物碱，可入药作镇定剂、麻醉剂。

红花曼陀罗：株形与大花曼陀罗相近，唯花冠呈粉红色，颇具观赏价值，花期不定，常见四季开花。全株有毒，不可误食。

●繁殖：播种或扦插法，春至秋季为育苗适期。

●栽培重点：栽培土质不拘，只要土层深厚、排水良好的地方均能生长，但以肥沃的砂质壤土生长较佳。小苗定植前，植穴宜挖大，预施腐熟堆肥、鸡粪等作基肥，则日后成长快速且旺盛。栽培处全日照、半日照均理想。幼株需水较多，应注意补给，以利成长，成株则不需特别浇水。肥料以天然有机肥或氮、磷、钾肥料，于生长季每 2 ~ 3 个月少量施用 1 次即可。若生长太茂密或株型不美观，可于花后整枝修剪 1 次，老化的植株在早春应施行强剪或重剪，能促使新枝萌发。性喜温暖至高温多湿，生长适温 18 ~ 30 ℃。

1 大花曼陀罗
2 红花曼陀罗

香花植物 - **夜丁香类**

Cestrum nocturnum（夜丁香）
Cestrum parqui（大夜丁香）
Cestrum diurnum （白夜丁香）
Cestrum aurantiacum（金夜丁香）
Cestrum nocturnum 'Dasycarpa'（密果夜丁香）

茄科常绿灌木
夜丁香别名：夜来香、洋素馨
大夜丁香别名：柳叶瓶子花
白夜丁香别名：白瓶子花
金夜丁香别名：黄瓶子花
原产地：
夜丁香、白夜丁香：西印度群岛
大夜丁香：智利
金夜丁香：危地马拉
密果夜丁香：栽培种

1 夜丁香

夜丁香类原产热带地区。叶互生，披针形或长椭圆形。穗状花序腋生，筒状花冠，白昼或夜间开花，花期持久，具香气。生性健强，耐热耐旱，适合作庭植或盆栽。

夜丁香：株高 1 ~ 3 m，枝条伸长呈半蔓性。叶互生，阔披针形或长椭圆形。穗状花序腋出，花数极多，具下垂状，淡乳白色或绿白色。白昼含蕾闭合无香气，夜晚绽开，香气浓郁，尤其当夜幕降临之际，徐徐微风飘香，令人闻之振奋。花期极长，春末至秋季均能见花。果实球形，白色，玲珑可爱。园艺栽培种有密果叶丁香。适合庭园围篱边栽植或作盆栽。茎叶有毒，不可误食。

大夜丁香：株高 1 ~ 2 m，具直立性。叶互生，卵状披针形。花序腋出，花冠长筒状，具直立性，花色淡黄或鲜黄色，昼夜都能开花，香味淡，花期春末至夏季。适合作庭植或盆栽。

白夜丁香：株高 1 ~ 2 m，具直立性。叶互生，卵状椭圆形。夏、秋季开花，花腋出，花冠长筒状，白色，昼夜都能开花，优雅清香。

金夜丁香：株高 1 ~ 2 m，枝条伸长呈半蔓性。叶互生，披针形。夏至秋季开花，花腋出，筒状花冠金黄色，昼夜均能开花，甚为悦目，具特殊异香。

●繁殖：扦插法，春、夏、秋季均能育苗，但以春季为最佳，成活率高。

●栽培重点：栽培土质选择不严，但以肥沃的壤土或砂质壤土最佳。全日照、半日照均能成长，但日照充足则生长开花较旺盛，幼株生长期间土壤宜常保湿润。

施肥可用各种有机肥料或氮、磷、钾肥料，1 年分 3 ~ 4 次施用，春季施肥提高磷、钾比例能促进多开花；尤其年中施用1 ~ 2次干鸡粪或油粕，肥效极佳，能使其生机蓬勃。

每年冬季或早春应修剪整枝1次，春暖后能萌发更多新枝，开花更旺；若植株已趋老化，需施行重剪或强剪。夜丁香及金夜丁香枝条较柔软，植株过高需立支柱或依靠篱墙，以避免倒伏。盆栽以大盆为佳，盆土多有助生长。性喜高温多湿，生长适温23 ~ 30 ℃，冬季宜温暖避风越冬。

2 3
4 5

2 大夜丁香
3 白夜丁香
4 金夜丁香
5 密果夜丁香

红艳可爱 - **瓶子花**

Cestrum elegans

茄科常绿灌木
原产地：墨西哥

瓶子花株高 2 ～ 3 m，枝条伸长后呈半蔓性。叶互生，阔披针形。花顶生或腋生，花冠长瓶形，浓紫红色，红艳美观，花期夏季。适合作庭园点缀或盆栽。

●繁殖：播种或扦插法，春、秋季为适期。

●栽培重点：栽培土质以富含有机质的砂质壤土为佳，保水力强则生长较旺盛。全日照、半日照均理想，阴暗处则生长不良。每 2 ～ 3 个月施肥 1 次。花期过后应修剪整枝 1 次，并加以追肥。性喜高温多湿，生长适温 22 ～ 28 ℃。冬季需温暖避风越冬。

瓶子花

观果圣品 - **玛瑙珠**

Solanum capsicastrum

茄科常绿灌木
别名：假珊瑚樱
原产地：巴西

玛瑙珠株高 40 ～ 120 cm，嫩枝褐紫色。叶互生，倒披针形，全缘。春至夏季开花，花白色。花后能结果，熟果橙黄色，粒粒圆珠集结于叶簇上，晶莹可人，果期夏至秋季。适合作庭植、盆栽、观果诱鸟，果枝可作花材。

●繁殖：播种法，春、夏、秋季均能播种，果实成熟落地后，常能自行萌发幼苗。

●栽培重点：生性强健，不拘土质，但以肥沃的壤土最佳，排水需良好。全日照、半日照均理想。年中施肥 2 ～ 3 次，早春补给磷、钾肥有利于开花结果。冬季应整枝修剪 1 次。性喜高温多湿，生长适温 23 ～ 30 ℃。

玛瑙珠

晶莹如珠 - **玉珊瑚**

Solanum pseudo-capsicum（玉珊瑚）

Solanum pseudo-capsicum 'Jubilee'（变色玉珊瑚）

茄科常绿小灌木
玉珊瑚别名：吉庆果、珊瑚樱
原产地：
玉珊瑚：中东
变色玉珊瑚：栽培种

玉珊瑚株高 30 ～ 60 cm。叶互生，卵状披针形，全缘波状，其株形、叶形皆酷似辣椒。全年均能开花，但以春季较旺盛，花腋出，花冠白色，花瓣 5 枚。花后能结果，玉珊瑚幼果呈绿色，变色玉珊瑚幼果呈白色，成熟后均转为橙红色，果实从结果到成熟落果可达 3 个月以上，果实浑圆晶莹，玲珑可爱，为观果珍品。适合作庭植缘栽、盆栽，果枝可作花材。

●繁殖：播种法，春、夏、秋季均能育苗；种子发芽适温 20 ～ 25 ℃，播种后经 10 ～ 15 日能发芽，待幼苗本长叶 4 ～ 6 片时再行移植。

●栽培重点：生性强健，不择土质，但以肥沃富含有机质的壤土或砂质壤土生长最佳。排水需良好，全日照、半日照均理想，过于阴暗则易徒长，且开花结果不良。生长期间每 1 ～ 2 个月施肥 1 次，若枝叶已旺盛，应按比例增加磷、钾肥，减少氮肥，以促进开花结果。平时培养土要保持湿润，避免干旱缺水。结果后若生机太旺而导致果实常绿不红熟，可切除部分细根或减少供水，使其呈干旱枯萎状态，消耗部分养分，即能加速红熟。玉珊瑚另有一特性，就是在高温下开花，常有授粉不良现象，不易结果，因此在屋顶栽培，开花期若温度过高应加以降温，尽量使其通风凉爽。性喜温暖至高温，生长适温 15 ～ 28 ℃。

1 玉珊瑚
2 变色玉珊瑚

斑叶玉珊瑚

Solanum pseudo-capsicum
'Jubilee Variegata'

茄科常绿小灌木
别名：斑叶吉庆果、斑叶珊瑚樱
栽培种

斑叶玉珊瑚植株低矮，高 10 ～ 20 cm。叶互生，长椭圆形，叶面曲皱，叶缘不规则波状或浅裂，具有白色或乳黄色斑纹。春至秋季开花，花冠白色。幼果白色，果表有绿色斑纹，熟果橙红色，浑圆如珠。观叶赏果俱佳，适于庭园美化、缘栽或盆栽。

●繁殖：播种育苗叶面斑纹易退化，需用扦插法，春、秋季为适期。

●栽培重点：栽培土质以砂质壤土为佳。日照 60% ～ 80% 叶色最美好。生长期间每月施肥 1 次。果期过后植株老化需修剪。性喜温暖，耐高温，生长适温 18 ～ 28 ℃。

斑叶玉珊瑚

巨大茄树 - **大花茄**

Solanum wrightii

茄科常绿大灌木或小乔木
原产地：巴西

大花茄株高 3 ～ 5 m。叶互生，羽状裂叶，叶背中肋具棘刺。四季均能开花，但以春末至夏季最盛，花腋出，花冠粉紫色。花后能结果，果实硕大，径可达 10 cm 以上。适合作庭园栽植美化。

●繁殖：播种或扦插法，春至夏季为适期。

●栽培重点：栽培土质以壤土或砂质壤土为佳，排水、日照需良好。细根少，成株后忌移植。每 2 ～ 3 个月施肥 1 次，每年早春应修剪整枝 1 次，老化的植株施行强剪、重剪。性喜高温，耐旱，生长适温 22 ～ 30 ℃。

大花茄

金黄耀目 - **金茄木**

Juanulloa aurantiaca

茄科常绿灌木
原产地：墨西哥

金茄木株高 1 ~ 2 m。叶互生，阔卵形，波状缘；夏至秋季开花，花顶生，花冠筒状，含苞时萼片呈五棱状，金黄色，花形奇特美观。适于庭植美化或作大型盆栽。

●繁殖：扦插或高压法，春、夏季为适期。

●栽培重点：栽培土质以富含有机质的砂质壤土最佳，排水力求良好，日照需充足。春至夏季为生长盛期，每 1 ~ 2 个月施肥 1 次，培养土需保持湿润。花期过后应修剪整枝 1 次，老化的植株需在早春进行强剪。性喜高温多湿，生长适温 22 ~ 30 ℃。

金茄木

久藏不坏 - **紫光茄**

Solanum galeatum

茄科常绿亚灌木
原产地：巴西

紫光茄株高 1 ~ 2 m。叶互生，羽状裂叶，叶面富光泽。春至夏季开花，花腋生，花冠紫色。果实扁球形，深紫色，径 5 ~ 7 cm，表皮光滑明亮，颇为可爱，久藏不坏。生性强健，适合庭园美化或作大型盆栽。

●繁殖：播种法，春季为播种适期，种子发芽适温 20 ~ 25 ℃。

●栽培重点：栽培土质以砂质壤土最佳，排水需良好。全日照、半日照均理想。每月追肥 1 次。每年春季修剪整枝，植株老化需强剪并施肥，促使萌发新枝，再开花结果。性喜高温，生长适温 22 ~ 30 ℃。

紫光茄

粉铃花
Dombeya calantha

百铃花
Dombeya × cayeuxii

梧桐科常绿灌木或小乔木
原产地：
粉铃花：非洲热带
百铃花：杂交种

1 百铃花
2 粉铃花

粉铃花：株高可达 2 m，全株被毛。叶互生，心形至长心形，偶浅 3 裂，先端渐尖，粗锯齿缘，纸质。冬至春季开花，圆锥花序腋生，花梗长，花冠铃形，花瓣 5 枚，数十朵聚生成团，花冠淡粉红色，花姿柔美。

百铃花：株高可达 2.5 m，全株密被毛。叶互生，阔心形，先端渐尖或突尖，细锯齿缘，纸质，两面被毛，叶背淡绿色。冬至春季开花，圆锥花序腋生，花梗细长，小花数十朵聚生成团，向下悬垂，花冠深桃红色，花姿绮丽。此类植物适合作庭园美化、园景树、大型盆栽。

●繁殖：扦插或高压法，春季为适期。

●栽培重点：栽培地点宜择避风处。栽培介质以腐殖质土或砂质壤土为佳。春至秋季生长期每 1 ~ 2 个月施肥 1 次。花后修剪残花和整枝，植株老化施以重剪并加以追肥。生性强健，成长快速，性喜高温、湿润、向阳之地，生长适温 20 ~ 30 ℃，日照 70% ~ 100%。

纸钞原料 - **昂天莲**
Abroma augusta

梧桐科半常绿灌木或小乔木
原产地：大洋洲、印度、爪哇岛、菲律宾、中国

昂天莲株高 2 ~ 3 m。叶互生，叶有两型，掌叶心形或卵状披针形，全缘。秋季开花，花腋出，花冠暗红色，花瓣5枚，花瓣下垂，蒴果具5翼，具朝天性。树皮为造纸高级原料，可印制钞票。根可入药治妇科病，民间常作药用栽培。适合作庭植或大型盆栽。

●繁殖：播种法，春至夏为适期。

●栽培重点：栽培土质以肥沃的壤土或砂质壤土最佳，日照、排水需良好。春至夏季生长期每 1 ~ 2 个月施肥 1 次。每年早春修剪整枝 1 次，植株老化应施以重剪，以促使萌发新枝。性喜高温，生长适温 22 ~ 30 ℃。

昂天莲

灰木科 SYMPLOCACEAE

抗瘠耐旱 - **白檀**
Symplocos paniculata

灰木科落叶灌木或小乔木
别名：灰木
原产地：中国、日本、越南

白檀分布极广，几遍全国，全株密被茸毛。叶互生，倒卵形或椭圆形，锯齿缘。夏季 5 ~ 6 月开花，圆锥花序，花冠白色，5裂，雄蕊细长，盛开时雪白满株，甚为优雅。适合作庭植、盆栽或药用栽培。

●繁殖：播种、扦插或高压法，春季为育苗适期。

●栽培重点：栽培土质以排水良好的砂质壤土为佳，日照需充足。1 年施肥 3 ~ 4 次。花期过后应修剪整枝 1 次，并补给肥料，以促进生机恢复。性喜温暖至高温，耐旱，生长适温 20 ~ 30 ℃。

白檀

富丽高雅 - **山茶花类**

Camellia japonica 'Nine Bends'（山茶花“九曲”）
Camellia japonica 'Cantonese Pink'（山茶花“广东粉”）
Camellia japonica 'Fragrant Joy'（山茶花“紫丁香”）
Camellia japonica 'Camelliae S.Macoboy'（山茶花“马可柏怡”）
Camellia japonica 'Carter' s Sunburst'（山茶花“卡特胸针”）
Camellia japonica 'Tama-Peacock'（山茶花“美玉蒲”）
Camellia japonica 'Julia'（山茶花“茱丽亚”）
Camellia japonica 'Margaret Lesher'（山茶花“玛格丽特 - 丽修”）
Camellia japonica 'C.M.Hovey'（山茶花“斑桃容”）
Camellia japonica 'Dust'（山茶花“砂金”）

山茶科常绿小乔木
栽培种

山茶花品种 600 种以上，分布于亚洲各国，尤其是我国云南省被称为“茶花之乡”。株高 1 ~ 3 m。叶革质，互生，卵形或椭圆形，叶端渐尖，叶缘有细锯齿，叶面浓绿具光泽。花单顶或单顶丛生，单瓣或重瓣，花色千变万化，花色有红、粉红、深红、玫瑰红、紫、白、粉白等色，及各种斑块、绞纹、镶色等，唯独黄色较罕见（我国原产的金茶花，花即黄色），花期冬至春季。茶花姿美色艳，富丽高雅，广受大众喜爱，适合作庭园美化或大型盆栽。

●繁殖：播种、扦插或嫁接法。播种的实生苗

1 山茶花“九曲”
2 山茶花“广东粉”

均可作为嫁接砧木，通常都以扦插法大量育苗，秋季为适期；嫁接法多用于改良品种或增加植株的观赏性，于春季花谢后行之。

●栽培重点：栽培土质以稍偏酸性的腐殖质壤土为佳。性喜凉爽半阴的环境，日照 50% ~ 70% 为佳，适合在阳台或围墙下栽培。肥料每 2 ~ 3 个月施用 1 次，如豆饼水、油粕，另加些草木灰、骨粉，可促进花蕾开放。盆栽者较易干旱，平日注意灌水，尤其夏季更不宜缺水，以免花蕾脱落。盆栽每 1 ~ 2 年应换土 1 次，开花后新芽未萌发前为换土适期。若结蕾太多并常有不开花现象，必须施行摘蕾，每枝条保留 1 ~ 2 蕾即可。生长缓慢，枝条不宜过分修剪。性喜温暖，生长适温 15 ~ 25 ℃，温度过高，易引起花蕾掉落。

3 山茶花“紫丁香”
4 山茶花“马可柏怡”
5 山茶花“卡特胸针”
6 山茶花“美玉蒲”

7 山茶花“茱丽亚”
8 山茶花“玛格丽特 - 丽修”
9 山茶花“斑桃容”
10 山茶花“砂金”

山茶姐妹 - **茶梅**

Camellia sasanqua 'Eight-layered Plum'

山茶科常绿灌木
别名：八重梅
原产地：中国、日本或栽培种

茶梅品种极多，株高 1 ~ 2 m。叶互生，椭圆或长椭圆形，叶缘具细锯齿。花顶生，单瓣种较多，重瓣种较少。花色有桃红、粉红、白色等，整簇鲜黄的雄蕊群集花心，花姿瑰丽，花期秋至冬季，适合作庭植或盆栽。

茶梅与山茶花外形相近，分辨如下：茶梅是灌木，花朵较小，嫩枝、叶脉、叶柄具短茸毛，花期秋至冬季，开花突出叶表，花萼早落，成长快；山茶花是乔木，主干明显，枝叶光滑，生长缓慢，花期冬至春季。

●繁殖、栽培重点：可参照山茶花的栽培法。性喜温暖多湿，生长适温 15 ~ 25 ℃。

茶梅

椴树科 TILIACEAE

星桑花

Grewia occidentalis

椴树科常绿灌木
别名：水莲木、西方扁担杆
原产地：南非、中非

水莲木株高可达 2.5 m，幼枝被毛。叶互生，倒卵形、椭圆形或菱状椭圆形，先端钝圆或尖，厚纸质，细锯齿缘。全年开花，花顶生或腋生，花冠粉红或紫红色，中心鲜黄，花形酷似迷你小莲花，花姿柔美可爱。适作庭园美化或盆栽。

●繁殖：扦插、高压法，春季为适期。

●栽培重点：栽培土质以壤土或砂质壤土为佳。排水、日照需良好。春至夏季生长期，每 1 ~ 2 个月施肥 1 次。土壤应保持湿润。花期过后应修剪整枝。性喜高温，生长适温 20 ~ 30 ℃，冬季需温暖避风越冬。

星桑花

朝开午谢 - **时钟花类**

***Turnera ulmifolia*（黄时钟花）**
***Turnera subulata*（白时钟花）**

时钟花科宿根草本、亚灌木
原产地：
黄时钟花：西印度、美洲热带
白时钟花：巴西

黄时钟花：株高 30 ～ 60 cm。叶互生，长卵形，先端锐尖，锯齿缘，叶基有一对明显的腺体。春至夏季开花，花由叶柄生，花冠金黄色，花瓣 5 枚，每朵花至午前即凋谢，但花谢花开，花期长达数月。适于作庭园美化或盆栽。

白时钟花：株高 40 ～ 80 cm。叶互生，椭圆形至倒阔披针形，先端锐尖，锯齿缘，叶基有一对腺体。春至夏季开花，花由叶柄生，花冠白色，花瓣 5 枚，中心黄至紫黑色，花至午前即凋谢，但花谢花开，花期长达数月。适合作庭园美化或大型盆栽。

●繁殖：播种、扦插法。春至夏季均可播种，种子发芽适温 24 ～ 28 ℃。扦插繁殖成长迅速，春、秋季为适期。

●栽培重点：此类植物生性强健，栽培土质以疏松的壤土或砂质壤土为佳，排水、日照需良好，荫蔽处开花不良。每月施肥 1 次，各种有机肥料或氮、磷、钾肥料均佳；花期长，开花期间仍需补给肥料。花期过后应修剪整枝，老化的植株每年春季施以强剪 1 次，能促进萌发新枝后再开花。性喜高温多湿，生长适温 22 ～ 32 ℃，冬季需温暖避风越冬，气温 10 ℃以下要预防寒害。

1 2
1 黄时钟花
2 白时钟花

紫珠类

Callicarpa dichotoma（紫珠）
Callicarpa formosana（杜虹花）

马鞭草科常绿灌木
杜虹花别名：台湾紫珠
原产地：
紫珠：中国、日本、韩国
杜虹花：中国、菲律宾

紫珠：株高可达 2 m，枝条伸长弯垂状，幼枝暗紫红色，光滑无毛。叶对生，有卵形、倒卵形或卵状椭圆形，先端急尖，钝锯齿缘，纸质，平滑无毛。夏季开花，聚伞花序，对称腋生，小花白或淡粉红色。核果球形，熟果紫色。

杜虹花：株高可达 4 m，枝条伸长易弯垂，全株密被褐色柔毛。叶对生，有卵形、倒卵形或椭圆形，先端渐尖或钝头，细锯齿缘，毛纸质。春至夏季开花，聚伞花序，对称腋生，小花粉红至淡紫红色。核果球形，熟果深紫色。此类植物适于作园景美化、盆栽、诱蝶树、花材。

●繁殖：播种、扦插法，春、秋季为适期。

●栽培重点：栽培介质以腐殖质土或砂质壤土为佳。春、夏季生长期施肥 3 ~ 4 次，磷、钾肥偏多能促进开花结果。花、果后应修剪整枝，植株老化应施以重剪或强剪，促使萌发新枝叶。性喜温暖至高温、湿润、向阳之地，生长适温 18 ~ 30 ℃，日照 70% ~ 100%。

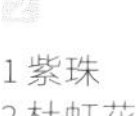

1 紫珠
2 杜虹花

淡雅芳香 - **垂花琴木**

Citharexylum spinosum

马鞭草科常绿灌木
原产地：西印度群岛

垂花琴木株高 1 ～ 2 m，幼枝四角形或有角棱；叶对生，长卵形或卵状披针形，全缘或疏锯齿状。夏至秋季开花，花顶生，总状花序下垂，花冠白色，花瓣 5 枚，花形小，具清香；适合作庭植或盆栽。

●繁殖：扦插法，春至夏季为适期。

●栽培重点：栽培土质以肥沃的砂质壤土最佳，日照、排水需良好。春至夏季每 1 ～ 2 个月施肥 1 次。每年春季应整枝 1 次，枝条老化应施行重剪，并补给肥料，促使新枝萌发。性喜高温，生长适温 22 ～ 28 ℃。

垂花琴木

观花绿篱 - **假连翘类(金露花)**

Duranta repens（假连翘）
Duranta repens 'Dwarftype'（矮假连翘）
Duranta repens 'Dwarftype-variegata'（花叶矮假连翘）
Duranta repens 'Forma Alba'（白花假连翘）
Duranta repens 'Variegata'（斑叶假连翘）
Duranta repens 'Dwarftype-alba'(矮白花假连翘)
Duranta repens 'Golden Leaves'（金花假连翘）

马鞭草科常绿灌木
假连翘别名：金露花
矮假连翘别名：矮金露花
花叶矮假连翘别名：斑矮金露花
白花假连翘别名：白金露花
花叶假连翘别名：斑叶金露花
矮白花假连翘别名：矮白金露花
金花假连翘别名：黄金露花
原产地：
假连翘：南美洲
矮假连翘、花叶矮假连翘、白花假连翘、斑叶假连翘、矮白花假连翘、金花假连翘：栽培种

1 假连翘

假连翘类品种有高性、矮性及斑叶品种，高性种株高 2 ~ 3 m，矮性种株高 30 ~ 200 cm。叶对生，阔披针形或倒长卵形，全缘或有锯齿。总状花序下垂状，筒状花，花瓣 5 枚，每瓣中央有一深色纵纹，花色因品种不同而有淡蓝、浅紫、深紫、白色等变化，四季开花，夏、秋季为盛期。花后能结金黄色球形小果，聚生成串，垂吊枝头，常与怒放的花朵相得益彰，观花赏果，令人心旷神怡。适作绿篱、庭植美化或盆栽。

假连翘：株高 2 ~ 3 m，枝头具下垂性。花淡蓝色或浅紫色。乡村常作为居家绿篱，既可赏花观果，又具防风功能。

矮假连翘：株高 50 ~ 200 cm，节间短，枝叶密集。花色淡紫色。适合作绿篱、修剪成形或盆栽。

花叶矮假连翘：矮假连翘的变种，叶具乳黄斑纹。

白花假连翘：株高 2 ~ 3 m。花纯白。适作绿篱、庭植美化。

2 假连翘
3 矮假连翘
4 花叶矮假连翘
5 白花假连翘

斑叶假连翘：株高 1 ~ 2 m。叶面具乳黄或淡绿斑纹。花浓紫色。花、叶俱美。

矮白花假连翘：矮假连翘的变种，花色纯白。

金花假连翘：株高 30 ~ 150 cm。叶色金黄，叶形小。花叶均美观。适合修剪成形作矮篱。

●繁殖：扦插、高压法，但以扦插为主，成活率高，春、秋季为适期。剪顶芽或组织充实的中熟枝条作扦插，极易发根。

●栽培重点：生性强健，栽培土质不拘，但以肥沃的砂质壤土生长最佳，排水、日照需良好。每 1 ~ 2 个月施肥 1 次。极耐修剪，全年均可修剪整枝以维护树形美观，唯开花前后应避免修剪，否则无花果可赏；栽植数年后植株老化，可施以强剪，促使枝叶新生。盆栽至少每两年换土 1 次。性喜高温多湿，生长适温 22 ~ 30 ℃。

6 斑叶假连翘
7 矮白花假连翘
8 金花假连翘
9 黄花假连翘

雅俗共赏 - **海州常山**

Clerodendrum trichotomum

马鞭草科落叶大灌木或小乔木
原产地：中国、日本

海州常山原产于我国华北以南各省的低、中海拔山区，全株有腥臭，株高 2 ～ 3 m。叶对生，阔卵形，全缘或疏锯齿，叶面有褐毛。花顶出，聚伞花序，花冠白色，具芳香，花期冬季。花后能结蓝绿色浆果。适合作庭园栽植。

●繁殖：播种或扦插法，春、秋季为适期。

●栽培重点：生性粗放，不拘土质，但以砂质壤土为佳，排水需良好。全日照、半日照均理想。每季应施肥 1 次，春季或花期过后修剪整枝，老株施以重剪。性喜温暖耐高温，耐旱耐阴，生长适温 15 ～ 28 ℃。

海州常山

蕾丝假连翘

Duranta erecta 'Lass'（*D. repens* 'Lass'）

马鞭草科常绿灌木
别名：蕾丝金露花
栽培种

蕾丝假连翘株高可达 3 m。叶对生，椭圆形，先端尖，叶缘上半段有粗锯齿，下半段全缘。全年均能开花，春至夏季盛开，圆锥花序顶生或腋生，花冠紫蓝色，花瓣 5 枚，花瓣边缘粉紫色，略卷曲，花形酷似蕾丝花纹，花姿华丽。生性强健，花期长，适于庭园美化或盆栽。

●繁殖：扦插法，春、秋季为适期。

●栽培重点：栽培土质以壤土或砂质壤土为佳。排水、日照需良好。春至秋季施肥 3 ～ 4 次。花期过后应修剪整枝，植株老化需强剪。性喜高温，生长适温 22 ～ 32 ℃。

蕾丝假连翘

黄边假连翘

Duranta repens 'Marginata'

马鞭草科常绿灌木
别名：黄边金露花
栽培种

黄边假连翘株高 1 ~ 2 m。叶对生，长椭圆形或阔披针形，先端渐尖，粗锯齿缘，叶片边缘金黄色。夏至秋季开花，花紫蓝色。叶色金黄亮丽，适作庭植美化、绿篱、修剪造型、盆栽。

●繁殖：扦插、高压法，春、秋季为适期。

●栽培重点：生性强健，栽培土质以肥沃的砂质壤土为佳。排水、日照需良好。每 1 ~ 2 个月施肥 1 次。全年可修剪整枝，植株老化应施以强剪。盆栽 2 ~ 3 年需换土 1 次。性喜高温多湿，生长适温 20 ~ 30 ℃。

黄边假连翘

大青
Clerodendrum cyrtophyllum

白毛臭牡丹
Clerodendrum canescens

马鞭草科常绿灌木
白毛臭牡丹别名：灰毛大青
原产地：
大青：中国
白毛臭牡丹：中国、印度

大青：株高 1 ～ 2 m。叶对生，披针形或长椭圆形，先端尖，全缘，叶面光滑深绿色，叶背淡绿，具黑点。夏至秋季开花，聚伞花序，花瓣 5 枚，白或乳白色，花丝细长，盛开时风姿轻盈美观。适合作庭植或大型盆栽；根可入药，治脚气、黄疸等。

白毛臭牡丹：株高 2 ～ 3 m，全株密被细茸毛。叶阔卵形或心形，先端尖，微锯齿缘。夏至秋季开花，聚伞花序顶生或腋出，花冠白色，萼片成熟呈鲜红色。核果球形呈黑色。适于庭植或大型盆栽，花枝及结果枝可当插花材料。

●繁殖：播种、扦插法，春季为适期。成熟种子落地常自生幼株生长。

●栽培重点：生性粗放，耐旱耐瘠，栽培土质选择性不严，只要地势干燥、排水良好，任何土壤均能成长，但以肥沃的砂质壤土生长最旺盛。栽培地宜择避风的地点，全日照、半日照均理想。春至夏季为生长期，每 1 ～ 2 个月施肥 1 次，各种有机肥料或氮、磷、钾肥料均佳。春季应修剪整枝 1 次，老化的植株应施行重剪，能促使枝叶茂盛；若栽培已超过 5 年，最好更新栽培。性喜高温多湿，生长适温 22 ～ 30 ℃。

1 2

1 大青
2 白毛臭牡丹

药用植物 - **圆锥大青**

Clerodendrum kaempferi（圆锥大青）
Clerodendrum paniculatum（宝塔大青）
Clerodendrum kaempferi var. *albiflorum*（白花圆锥大青）

圆锥大青：株高 50 ~ 100 cm，小枝方形。叶对生，纸质，阔卵形或心形，偶有 3 ~ 5 浅裂，全缘或细锯齿缘。全年均能开花，圆锥花序，花顶生，花冠绯红色，花丝细长。核果球形，熟时碧黑色。因又名“癞婆花”，很少有人将它作观赏植物栽培，事实上其花姿红艳美观，花期长，极适合作庭园美化或大型盆栽。根、干可作药用。

宝塔大青：株高 40 ~ 80 cm。叶对生，掌状深裂，叶面脉纹明显，全缘或细锯齿。全年均能开花，圆锥花序顶生，排列整齐，花冠粉白色，花姿如塔状，层层有序，甚为优雅。适合作庭植美化或大型盆栽。

马鞭草科常绿小灌木
圆锥大青别名：龙船花、癞婆花
宝塔大青别名：宝塔龙船花
白花圆锥大青别名：白龙船花
原产地：
圆锥大青：中国南部、马来西亚
宝塔大青：东南亚
白花圆锥大青：中国台湾

1 圆锥大青

白花圆锥大青：本种是圆锥大青的栽培变种，株高 1 ～ 2 m。叶对生，卵状心形，全缘或细锯齿。全年能开花，但以夏、秋季为盛期；圆锥花序，花顶生，花冠白色或乳白色，花丝细长。核果紫黑色，近球形。适合作庭园美化或大型盆栽，民间常作药用植物栽培，根、干有调经理带、祛风、利湿，治淋病、肝病、肾亏的功效。

●繁殖：播种、分株法，春、夏、秋季均能育苗。种子成熟后掉落地面，常能自生幼苗，可挖取栽植。另成株能自基部附近萌发幼株，可挖掘分切栽培。

●栽培重点：生性强健、粗放，不拘土质，只要排水良好而不坚硬的土壤均能生长，但以肥沃的腐殖质壤土或砂质壤土生长最佳。

性耐阴，全日照、半日照均理想，其中以日照 50% ～ 70% 生长最佳，稍荫蔽叶色较浓绿美观，日照过分强烈叶色偏黄。由于全年均能开花，花期又长，每 1 ～ 2 个月少量补给肥料 1 次，生长开花更好，各种有机肥料或氮、磷、钾肥料均理想。花期过后剪除上部花茎，可促使新枝萌发再开花，栽培数年后植株老化再更新栽培。盆栽宜用 33 cm 以上大盆，植株太高需立支柱扶持，防止倒伏。性喜高温多湿，生长适温 22 ～ 30 ℃。

2 3

2 宝塔大青
3 白花圆锥大青

易栽易植 - **赪桐**

Clerodendrum japonicum

马鞭草科常绿小灌木
别名：状元红
原产地：中国、日本

赪桐株高 1 m，枝条有棱，全株密生细茸毛。叶对生，心形，全缘或波状缘。花序顶生，花冠鲜红色，花丝突出其外，酷似龙船花，花期春至秋季。适合作庭植或大型盆栽。

●繁殖：播种或分株法，春、秋季为适期。

●栽培重点：栽培土质不拘，一般土壤只要排水良好均能成长。全日照、半日照或稍荫蔽均理想。每季施肥 1 次。培养土保持湿润有助生长。花期过后应修剪 1 次。性喜温暖至高温，生长适温 20 ～ 28 ℃。

赪桐

民间草药 - **化石树**

Clerodendrum calamitosum

马鞭草科常绿灌木
别名：爪哇大青
原产地：爪哇岛

化石树株高 1 ～ 2 m。叶对生，椭圆形或倒卵形，粗锯齿缘，粗皱状。秋至冬初开花，聚伞花序顶出，花腋生，花冠纯白色，花瓣 5 枚；萼片暗红色，果实球形。适合作庭园栽培或大型盆栽。

●繁殖：扦插法，春至夏季为适期。

●栽培重点：栽培土质以肥沃的壤土或砂质壤土最佳，排水需良好。全日照、半日照均理想。春至夏季为生长期，每 1 ～ 2 个月施肥 1 次。每年春季修剪整枝 1 次，老化的枝条应施以重剪或强剪，能促使枝叶再生。性喜高温多湿，生长适温 22 ～ 30 ℃。

化石树

幽幽淡香 - **山茉莉**

Clerodendrum philippinum

马鞭草科常绿小灌木
别名：重瓣臭茉莉
原产地：中国、东南亚

山茉莉原生于我国南方，株高 1 ~ 1.5 m。叶对生，阔卵圆形或近心形，全缘或波状齿牙缘。花顶生，小花聚生成团，白色或淡粉红色，幽幽淡香，花期春季。适合作庭植、盆栽、切花或药用栽培。

●繁殖：扦插或分株法，春季为适期。成株基部四周会长出子株，可挖掘另植。

●栽培重点：山茉莉生性强健，耐旱耐湿抗高温，任何土壤均能生长，但土质肥沃又湿润则生长较旺盛。全日照、半日照或荫蔽处均佳。每年施肥 2 ~ 3 次即可。早春应修剪 1 次。性喜高温，生长适温 20 ~ 30 ℃。

山茉莉

淡雅芬芳 - **单瓣山茉莉**

Clerodendrum bungei

马鞭草科常绿小灌木
别名：臭牡丹
原产地：中国、泰国

单瓣山茉莉株高 30 ~ 70 cm。叶对生，阔卵形或近心形，波状齿牙缘。夏至秋季开花，花顶生，小花聚生，花瓣 5 枚，淡红至紫红色，具芳香。叶色青翠，淡雅芬芳，适合作庭园美化或大型盆栽。

●繁殖：扦插、分株法或挖取地下走茎栽植，春季为适期。

●栽培重点：不择土质，但以肥沃湿润的壤土最佳。全日照、半日照均理想。春至秋季施肥 2 ~ 3 次。春季修剪整枝，植株老化加以强剪。性喜高温多湿，生长适温 20 ~ 30 ℃。

单瓣山茉莉

烟火树

Clerodendrum quadriloculare

马鞭草科常绿灌木或小乔木
别名：星烁山茉莉
原产地：菲律宾

烟火树株高可达 4 m，幼枝方形，墨绿色。叶对生，长椭圆形，先端尖，全缘或锯齿状波缘，厚纸质，叶背暗紫红色。春季开花，花顶生，聚伞状圆锥花序，小花多数，花冠细高脚杯形，紫红色，先端 5 裂，裂片白色，花形宛如星星闪烁，亦似团团爆发的烟火，花姿清雅奇丽。适于庭园美化或大型盆栽。

●繁殖：扦插或分株法，春季为适期。

●栽培重点：栽培土质以砂质壤土为佳，排水需良好。全日照、半日照均理想。春至秋季施肥 3 ~ 4 次。花后修剪整枝，植株老化需强剪。性喜高温，生长适温 20 ~ 30 ℃。

烟火树

群蝶飞舞 - **花蝴蝶**

Clerodendrum ugandense

马鞭草科常绿灌木
别名：乌干达赪桐
原产地：非洲热带

花蝴蝶株高 50 ~ 120 cm，幼枝方形，紫褐色。叶对生，倒卵形至倒披针形，先端尖或钝圆，叶缘上半段有浅锯齿，下半段全缘。早春至夏季开花，顶生聚伞花序，花冠白色，唇瓣紫蓝色，雄蕊细长，盛开时酷似群蝶飞舞，花姿优雅。适于庭园美化或盆栽。

●繁殖：扦插法，春、秋季为适期。

●栽培重点：栽培土质以壤土或砂质壤土为佳，排水需良好。全日照、半日照均理想。春至秋季施肥 3 ~ 4 次。花期过后修剪整枝，植株老化需施以强剪。性喜高温，生长适温 23 ~ 32 ℃，冬季需温暖避风越冬。

花蝴蝶

清丽素雅 - **垂茉莉**

Clerodendrum wallichii

马鞭草科常绿半蔓性灌木
原产地：喜马拉雅山区

垂茉莉株高 1 ~ 2 m，幼枝有棱。叶对生，披针形，全缘或不规则波状缘。春至夏季开花，顶出下垂，花冠白色，花瓣 5 枚，花丝细长，花姿清丽。适合作庭植或大型盆栽。

●繁殖：播种或扦插法，春、秋季剪未着花的顶芽或中熟枝条扦插。

●栽培重点：栽培土质以壤土或砂质壤土为佳。排水、日照需良好，土壤常保湿润有助生长。生长期间每 1 ~ 2 个月施肥 1 次。花期过后应修剪整枝，枝条应施以重剪。性喜温暖至高温，生长适温 18 ~ 28 ℃。

垂茉莉

绿篱防风 - **苦郎树**

Clerodendrum inerme

马鞭草科蔓性灌木
别名：苦林盘、苦蓝盘
原产地：亚洲热带、大洋洲、中国

苦郎树分布地域极广，在我国分布于东南沿海各地海滨。枝四棱状，叶对生，椭圆形，革质，全缘。夏、秋季开花，聚伞花序，花腋出，1 序 3 花，花冠白色，5 裂，花丝红紫色。核果倒卵形，具纵沟。适合作庭植、绿篱、海边防风定砂；根、茎、叶可入药治皮肤病。

●繁殖：扦插法，春、夏、秋均佳。

●栽培重点：生性强健，不拘土质，只要排水良好的疏松土壤均可栽培。日照需充足，年中施肥 2 ~ 3 次即能生长旺盛。枝条容易伸长散乱，随时可作整枝修剪。性喜高温，生长适温 22 ~ 30 ℃。

苦郎树

四季开花 - **马缨丹类**

Lantana camara（马缨丹）
Lantana camara 'Mista'（橙红马缨丹）
Lantana camara 'Alba'（白马缨丹）
Lantana camara 'Feston Rose'（桃粉马缨丹）
Lantana camara 'Pink'（宫粉马缨丹）
Lantana camara 'Sanguinea'（紫黄马缨丹）
Lantana camara 'Roseum'（粉红马缨丹）
Lantana camara 'Flava'（黄马缨丹）
Lantana camara 'Yellow Wonder'（锦叶马缨丹）
Lantana montevidensis（小叶马缨丹）
Lantana montevidensis 'White Lightning'(雪花马缨丹）

马鞭草科常绿灌木
马缨丹别名：五色梅
原产地：
马缨丹：西印度、中国台湾驯化
小叶马缨丹：南美洲
橙红马缨丹、白马缨丹、桃粉马缨丹、宫粉马缨丹、紫黄马缨丹、粉红马缨丹、黄马缨丹、锦叶马缨丹、雪花马缨丹：栽培种

1 马缨丹
2 橙红马缨丹
3 白马缨丹

马缨丹高性种株高 1 ～ 2 m，矮性种 20 ～ 50 cm。全株被粗毛，茎、叶有特殊臭味，枝条有短钩刺。叶对生，阔卵形，先端尖，钝锯齿缘，叶面粗糙。全年均能开花，但以春末至秋季最盛，头状花序呈伞房状，花腋出，花色有黄、橙、红、白、粉红等色，每朵花均能变色，花姿美艳。核果球形，成熟时呈黑色。生性强健，耐旱抗瘠，花期长，适合作庭园丛植、花坛美化、盆栽，亦可修剪成型、作绿篱或地被。

马缨丹：株高 1 ～ 2 m。花冠橙黄色，略带紫红色。野生，比较普遍。

橙红马缨丹：株高 1 ～ 2 m。花冠橙红色，略带橙黄色，鲜明艳丽。野生。

紫黄马缨丹：株高 20 ～ 50 cm。花色丰富，有黄、橙红、粉红、紫红色等变化，春末至秋季盛开。植株低矮，作庭园丛植、

花坛美化或盆栽均理想，为优良的景观植物。

粉红马缨丹、宫粉马缨丹：株高 1 ~ 2 m。花冠粉红色，偶有黄花红心出现，甚柔美。适合作庭园美化。

黄马缨丹：株高 50 ~ 100 cm。花冠金黄色，极为亮丽耀眼，成长快速，枝叶密集。适合作庭园美化、花坛布置、盆栽或地被。

小叶马缨丹：茎枝纤细成蔓性状，能匍匐地面生长。叶较小，节间长，花朵也较小，粉紫白心或紫心色，花期夏、秋季。极适合吊盆栽培或地被覆盖，可保持水土。

白马缨丹：株高 30 ~ 60 cm。花冠白至乳白色。枝叶密集，适合作庭植或地被。

锦叶马缨丹：株高 30 ~ 80 cm。花冠鲜黄色，叶面具乳黄斑纹，花叶俱美。适合作庭园美化、花坛或盆栽。

●繁殖：扦插法，春、秋季均能育苗，剪顶芽或中熟枝条扦插，极易发根。

●栽培重点：不拘土质，但以富含有机质的砂质壤土最佳，排水需良好。日照需强烈，荫蔽处则生长不良。幼株较需水，不可任其干旱。花期长，春至秋季每月少量施肥 1 次。冬至早春应修剪整枝，老化的枝条应施以重剪。性喜高温，生长适温 20 ~ 32 ℃。

4 桃粉马缨丹
5 宫粉马缨丹
6 紫黄马缨丹
7 粉红马缨丹

8 9
10 11

8 黄马缨丹
9 锦叶马缨丹
10 小叶马缨丹
11 雪花马缨丹

地被植物 - **单叶蔓荆**

Vitex rotundifolia

马鞭草科匍匐性灌木
别名：海埔姜
原产地：亚洲、大洋洲

单叶蔓荆分布于我国沿海各省，株高 20 ～ 40 cm，茎枝匍匐地面生长，全株具特殊香味。叶对生，阔卵形或椭圆形，密被灰白柔毛。总状花序，花顶生，紫色，花期夏至秋季，串串紫蓝极为柔美。匍匐生长的茎节易发根，极适合水土保持、海滨防风定沙栽培或盆栽，果实可药用。

●繁殖：播种、扦插法，春季为适期。

●栽培重点：土质以砂质壤土为佳，排水需良好。日照需充足。生长期间 1 ～ 2 个月施肥 1 次。冬季有地域性落叶，宜趁此时修剪。性喜高温多湿，生长适温 22 ～ 30 ℃。

单叶蔓荆

美洲移民 - **假马鞭草**

Stachytarpheta jamaicensis

马鞭草科常绿亚灌木
假马鞭草别名：长穗木
洒金假马鞭草别名：洒金长穗木
原产地：美洲热带

假马鞭草株高 1 ～ 2 m。叶对生，卵形，叶端尖，叶面粗糙，叶缘粗锯齿。春至秋季开花，细长的穗状花序顶生，深紫色小花由花序下部依序往上开放，花姿轻盈优雅。适合作庭植、绿篱、大型盆栽、药用。园艺栽培种有洒金假马鞭草。

●繁殖：播种或扦插法，春、秋季为适期。

●栽培重点：生性强健，栽培土质不拘，黏性不强而排水良好的土壤均能生长。全日照、半日照均理想。春至秋季每 2 ～ 3 个月施肥 1 次。每年春季应强剪 1 次。性喜高温，生长适温 22 ～ 32 ℃。

1 2

1 假马鞭草
2 洒金假马鞭草

中文名索引

J

K

L

M

N

P

R

S

T

学名索引